W0263825

Dietrich Paul

# PISA, Bach, Pythagoras

# Dietrich Paul

# PISA, Bach, Pythagoras

**Ein vergnügliches Kabarett um Bildung, Musik und Mathematik**

Mit Musik-CD

2. Auflage

Bibliografische Information Der Deutschen Nationalbibliothek
Die Deutsche Nationalbibliothek verzeichnet diese Publikation in der
Deutschen Nationalbibliografie; detaillierte bibliografische Daten sind im Internet über
<http://dnb.d-nb.de> abrufbar.

**Dr. Dietrich Paul**
info@roland-forster.de
www.piano-paul.de

1. Auflage 2005
2. Auflage 2008



Lektorat: Ulrike Schmickler-Hirzebruch | Susanne Jahnel

Der Vieweg Verlag ist ein Unternehmen von Springer Science+Business Media.
www.vieweg.de

Dieses Buch gibt die kabarettistisch und satirisch mit künstlerischer Freiheit formulierten Ansichten des Autors wider.

Foto des Autors: Ernst Hofstetter
Konzeption und Layout des Umschlags: Ulrike Weigel, www.CorporateDesignGroup.de
Gestaltung und Satz: Christoph Eyrich, Berlin
Druck und buchbinderische Verarbeitung: Wilhelm & Adam, Heusenstamm
Gedruckt auf säurefreiem und chlorfrei gebleichtem Papier.
Printed in Germany
Additional material to this book can be downloaded from http://extras.springer.com
ISBN 978-3-8348-0441-9

# Inhalt


Vorwort zur 2. Auflage  vii

Technische Vorbemerkung *oder*
    Große Fußnote zum Thema Fußnoten  ix

Gebrauchsanweisung *oder*
    Die Packungsbeilage  xi

1  Warm-up mit Musik *oder*
   Kennen Sie die Melodie?  1

2  Vorsicht Bildung *oder*
   Von Bildungskanons und Bildungskanonen  9

3  Vorsicht Mathematik *oder*
   … um die Hälfte verdoppelt!  17

4  Strenge Polygamie *oder*
   Über schöne und weniger schöne Musik  31

5  Mathematik in erster Näherung *oder*
   Lob der Leichtigkeit  43

6  Polyphonie *oder*
   Freiheit, Gleichheit, Brüderlichkeit  51

7  Mathematik und Fußball *oder*
   Kunst muss weh tun!  59

8    Kontrapunktische Bastelstunde *oder*
     Lob des Handwerks                                          77

9    Angewandte Mathematik *oder*
     Warum es auf Gran Canaria so schön ist                    85

10   Bruchrechnen *oder*
     Polyphonie, die in die Beine geht                         107

11   Rechnen heute *oder*
     Die Hälfte ist *immer* jeder Zweite!                      117

12   Endlich die Fuge *oder*
     Von numerologischem Nutz und Unnutz                       133

13   Wie man mit wirklich *sehr* großen Mengen umgeht *oder*
     Endlich unendlich!                                        147


*Anhang*

A    Musikalische Kombinatorik *oder*
     So einfach ist komponieren                                171

B    Eine kleine mathematische Etüde *oder*
     Wie man mit Hilfe der Mathematik eine Zugfahrt
     verkürzen kann                                            179


*Zwei Schlussbemerkungen*

Kunst und Wahrheit                                             205

Danksagung                                                     211

# Vorwort zur 2. Auflage

Ein Kabarettprogramm für die Bühne, mit viel Musik, als Buch herausgebracht beim Vieweg Verlag (der ja nun auch nicht gerade als *der* deutsche Fachverlag für satirische Literatur bekannt ist) – das war schon eine verrückte Idee. Aber diese verrückte Idee hat anscheinend nicht nur dem Autor und dem Verlag Spaß gemacht. Und dass die mittlerweile nötig gewordene 2. Auflage ausgerechnet ins Jahr der Mathematik fällt, war nicht geplant, ist aber ein schöner Zufall.

Eine 2. Auflage ist für einen Autor immer erfreulich. In diesem Fall ganz besonders, denn *ein* Thema dieses Buches ist auch das, na sagen wir mal ganz vorsichtig, nicht gerade leidenschaftliche Verhältnis zwischen deutschem Feuilleton und exakten Wissenschaften. (Wie schrieb eine große deutsche Zeitung so schön? „Mathematik, Mechanik und Maschinenbau – also nichts von gesellschaftlicher Relevanz." Tja.) Und dementsprechend ging auch die Berichterstattung über dieses Buch in der üblichen Tages- und Magazinpresse sozusagen gegen Null. Dass die erste Auflage trotzdem vergriffen ist, freut einen Autor dann natürlich umso mehr.

Aber natürlich bin ich *jetzt* absolut zuversichtlich, dass die Presse im Jahr der Mathematik zeigt, wie mutig, originell, weltoffen, innovativ und verantwortungsbewusst sie wirklich ist, und ihren Lesern auch mal, auch wenn's nicht üblich ist, ein gerade auch für Nicht-Mathematiker geschriebenes kabarettistisches Mathematikbuch präsentiert! Außerdem – siehe PISA und Ingenieurmangel in Deutschland – wäre das eher suboptimale Standing von Mathematik und Naturwissenschaften in dieser unserer Gesellschaft, na sagen wir auch mal ganz vorsichtig, immer noch leicht ausbaufähig.

Ganz besonders aber freue ich mich über viele viele E-Mails und Briefe, die fast alle (alle bis auf endlich viele) *sehr* freundlich gestimmt waren. Und mit deren Hilfe ich auch – ich möchte mich dafür hier ausdrücklich bedanken – viele Druckfehler ausbessern konnte. Insbesondere natürlich – das muss scheint's sogar bei einem solchen Buch passieren – ein richtiger Mathematikbuchdruckfehler, nämlich ein vermaledeites $\hat{v}$ statt $\bar{v}$. (Aber irgendwie gehört eine Dach-quer-Verwechslung *auch* in ein kabarettistisches Mathematikbuch.) Nicht zuletzt konnte ich dank solcher E-Mails auch einen wirklich peinlichen Sachfehler tilgen, nämlich die wissenschaftlich völlig naive Gleichsetzung von Warpfaktor und Lichtgeschwindigkeit. Ich möchte mich hier nachdrücklich bei Captain Kirk, Scotty und Mr. Spock entschuldigen!

Einige weiterreichende und tiefergehende Anmerkungen und Anregungen konnten hier leider noch nicht berücksichtigt werden. Aber nachdem nun der Schritt von der 1. Auflage zur 2. Auflage schon mal geschafft ist, werde ich künftig sehr konzentriert am Schritt von n auf n+1 arbeiten. Zur Sicherung meiner Altersversorgung. Und um alle bisherigen und vor allem um dann auch sukzessive alle jeweils *folgenden* weiterreichenden und tiefergehenden Anmerkungen und Anregungen unter sukzessiver Hinzunahme weiterer wichtiger Themen, wie der Allgemeinen Relativitätstheorie, der Subraumfeldmanipulation durch Traktorstrahlen, der Kontinuumshypothese, neuerer Methoden der Kreisquadrierung, des Gödelschen Unvollständigkeitssatzes, *wirklich* befriedigender Beweise des Vier-Farben-Satzes und des Großen Fermats (mit Beweisen nicht länger als drei Seiten!) und dgl. mehr berücksichtigen und aufgreifen zu können. Insbesondere natürlich auch mit Hilfe vieler neuer schöner langer Fußnoten!

Und so möge denn diese 2. Auflage auch künftig … usw. usw. … Und jetzt lesen Sie erst mal die Technische Vorbemerkung und dann: Ärmel hoch und an die Arbeit!

München, im Jahr der Mathematik          Dietrich Paul

# Technische Vorbemerkung oder Große Fußnote zum Thema Fußnoten

Es soll Leute geben, die Fußnoten hassen. Außerdem „macht man das heute nicht mehr". (Fußnote 1: Man macht heute vieles nicht mehr. Und wohin sind wir damit geraten? Zum Beispiel nach Pisa.) (Fußnote 2: Außerdem gibt es sehr moderne Literatur, die auch *ohne* Fußnoten ganz schön mühsam zu lesen ist.) Jedenfalls: ich liebe Fußnoten. (Blättern Sie weiter, Sie werden schon sehen.)

Vorschlag zur Güte: Der zusammenhängende Haupt- oder Fließtext kann natürlich auch unter völliger Ignorierung sämtlicher Fußnoten mit Genuss und Belehrung, Nutz und Frommen etc. etc. gelesen werden. (Fußnote 3: Sonst wären die Fußnoten ja auch keine *Fuß*noten.) Der Fließtext ohne Fußnoten ist also sozusagen vollständig und konsistent. Allerdings muss ich zugeben, *mit* Fußnoten ist der Text nicht mehr *ganz* so konsistent. Aber – ist diese Welt denn konsistent? Eben. (Vorläufig letzte Fußnote: Auch Nicht-Mathematiker wissen: diese Welt ist voller Brüche *und* irrational.)

Also lesen Sie bitte erst den Haupttext und kümmern Sie sich dabei um keine einzige Fußnote. Sollte Ihnen dieser Text nicht zusagen, wird

x

Sie der nachträgliche Genuss vieler zusätzlicher Fußnoten vermutlich auch nicht mehr umstimmen. Also lassen Sie's gut sein und verschenken Sie dieses Buch. Am besten an jemanden, den Sie nicht mögen. Und der auch keine Fußnoten mag. Ihr Vorteil: Sie sparen sich das Geld für ein Geschenk. Und viele Fußnoten.

Sollte Ihnen der Haupttext zusagen, lassen Sie dieses Buch ein paar Wochen liegen. Wenn Sie es dann wieder in die Hand nehmen, kennen Sie ja schon die wahnsinnig spannende Handlung und können sich in aller Muße den wunderschönen Fußnoten widmen. Ihr Vorteil: Sie lesen zwei Bücher zum Preis von einem!

Dies ist ein Buch zum Wirklich-Hinein-Schmökern, manchmal eben auch zum Hin- und Herblättern, in die CD (s. u.) muss man dann auch noch hineinhören. Und an zwei Stellen soll man sogar noch (wegen der Polyphonie) mitsingen! (Man muss aber nicht.) Es macht also ein bisschen Arbeit. Aber ohne Fleiß kein Preis, vgl. Pythagoras, vgl. Bach, vgl. Pisa. Und Menschen, die gegenüber Pythagoras und Bach aufgeschlossen sind, *müssen* einfach eine latente Begabung besitzen, was sage ich, geradezu ein latentes Verlangen spüren, auch mal etwas sperrigere Texte zu verarbeiten.

Aber keine Angst, vor allem soll dieses Buch Spaß machen. Also keine Ausreden: Auf in den Kampf! Beziehungsweise: Hinein ins Vergnügen!

# Gebrauchsanweisung
# oder
# Die Packungsbeilage

Als Schüler stießen wir bei einer Wanderung[1] auf eine Wegtafel (nebst Weg): „Dieser Weg ist kein Weg. Wer es dennoch tut, wird bestraft." Die bestürzend lapidare Sachlichkeit dieser Feststellung (nebst Drohung, die gerade wegen ihrer völligen Unbestimmtheit – WELCHE Strafe ?!? – von geradezu kafkaesker Bedrohlichkeit ist) hat mich so beeindruckt, dass ich damals auf diesen Text meine erste Chor-Fuge zu komponieren begann: das Fugenthema (in Quartenschritten[2]) ge-

---

1    Schulwandertag in den frühen 60er Jahren. Wir Kleinen schafften, mit einem lustigen Lied auf den Lippen, locker unsere 25 Kilometer, während sich die Abiturienten *damals* schon nur mit Mühe bis zum nächsten Wirtshaus schleppten. Trotzdem war Pisa damals noch einfach eine Stadt in Italien.

2

Übereinander getürmte Quarten waren in meiner Jugend noch etwas Aufregendes. So alt bin ich schon.

radezu wie in Stein[3] gemeißelt. Und genau so möchte ich den Leser dieses Buches mit einem geharnischten „Dieses Buch ist kein Buch, wer es dennoch liest …" begrüßen. Womit in der Langfassung natürlich gemeint ist: Dieses beim grund- und erzseriösen wissenschaftlichen Vieweg Verlag erschienene Buch ist *kein* grund- und erzseriöses, dem wissenschaftlichen Vieweg Verlag angemessenes Buch, wer es dennoch liest, der − nun ja − der wird sich noch wundern? … der ist selber schuld? Ach was. Hinweg mit aller pseudo-höflichen kokettierenden Bescheidenheit − der wird reichlich belohnt werden!

Also: Dieses Buch ist kein wissenschaftliches Sachbuch, eher ein Lach- und Krachbuch, das betreff angeblich schwieriger Themen leicht und gut gelaunt unterhalten und auch (ein bisschen wenigstens) Krach schlagen soll. Es ist die schriftliche Fassung eines − dafür, dass zuvor jeder gesagt hat: „so was kann man doch im Kabarett nicht bringen!" − ziemlich erfolgreichen Kabarettprogrammes. Und dass in Hoch-Zeiten voll fernseh-kompatibler schrill-lauter Comedy (ist ja oft auch nett!) ein Programm, in dem ein unauffälliger älterer Herr mit Bauchansatz (meine Frau meint, ich könne den „Ansatz" ruhig weglassen) geschlagene zwei Stunden ziemlich statisch an seinem Lesetischchen sitzt und stoisch an einem urzeitlichen Overhead-Projektor[4] Folien auflegt, um seltsame Formeln an die Wand zu werfen − dass so ein Programm allabendlich den Saal füllt, ist schon erstaunlich. (Und betreff

---

3    Lapidar! Eben. Das war eine erste kleine bildungsbürgerliche Anspielung (wenn man drüber weg gelesen hätte, machte es auch nichts), auf deren Möglichkeit und auflockernde Wirkung ich hiermit ganz dezent *ein* Mal und grundsätzlich hingewiesen haben möchte. Aber damit ist's auch gut. Auf etwaige weitere kleine bildungsbürgerliche Anspielungen im Verlaufe dieses Buches wird im folgenden − versprochen! − *nicht* mehr hingewiesen (lapidar von lat. Lapis = Stein, vgl. auch den Lapislazuli, der wiederum … was jetzt aber wirklich zu weit führt. Kennen Sie das? Man möchte im Lexikon etwas nachschlagen und landet bei immer neuen Stichwörtern. Macht wahnsinnig Spaß. Und kostet wahnsinnig Zeit. Vielleicht ist einfach unsere knappe Zeit der Grund für unsere Bildungsmisere.)

4    Gegen Aufpreis kann dieses Programm natürlich auch mit Beamer dargeboten werden. Aber der Overheadprojektor ist der Beamer für Arme und damit das dem Kleinkunst- und Hochschulmilieu angemessene Requisit.

PISA erfreulich: die Leute sind oft viel intelligenter, als man im Kultur-
betrieb und in den Medien so glaubt.)

Das impliziert für den ordentlichen, grund- und erzseriöse Vieweg-
Bücher gewohnten Leser eine Warnung und eine Bitte.

Die Warnung lautet natürlich: „Vorsicht Satire!", was als Titel für
eine Satiresendung immer etwas hausbacken wirkt, aber im Kontext
des Verlag-Programmes eines renommierten, grund- und erzseriösen
wissenschaftlichen usw. usw. wenigstens *ein* Mal und fairerweise relativ
früh (etwa gleich hier) ausgesprochen werden sollte. Was wir hiermit
jetzt aber auch erledigt hätten.

Und die Bitte lautet: Dieses Buch sollte nicht nur gelesen, sondern
mitunter (etwa beim gleich folgenden Warm-up-Kapitel) auch *gehört*
werden. Lesen Sie. Aber stellen Sie sich dabei vor, auf der Bühne steht
ein hinreißend gut aussehender junger Mann . . . Nein, das ist ein anderes Programm. Also, auf der Bühne sitzt ein unauffälliger Mittfünfziger,
der irgendwie nicht ganz unsympathisch ist und – und darauf kommt es
an – der mit Ihnen plaudert.

Und stellen Sie sich ruhig vor (das hilft), Sie sitzen in einem Kabarett-
Theater mit dem für Kabarett-Theater typischen hybriden Ambiente
aus Gemütlichkeit und Nonkonformismus,[5] an kleinen runden Tischen.
Darauf, je nach Ihrem soziologischen Habitat, ein Glas Rotwein (darf
ruhig ein teurerer sein, jedenfalls kein Beaujolais Primeur; richtiger
Rotwein), ein Glas junger Riesling von der Mosel (befördert die Sprit-
zigkeit) oder auch ein Weißbier, natürlich naturtrüb (für main-stream-
Bayern), ein Pils (für attraktive, besserverdienende Biertrinker, die die
Proseccomode nicht mitbekommen haben) oder auch ein schlichtes
Helles (bedrohte Minderheit, vgl. Fußnote 5 betr. Nonkonformismus).
Von mir aus auch Mineralwasser. Aber eher ungern. (Nicht wegen

---

5    Aber was heißt schon Nonkonformismus? Spätestens, wenn mindestens 51 % non-
konformistisch sind, ist der unauffällige, völlig uninszenierte langweilige Spießer der
wahre Nonkonformist. Deswegen ist etwa auch mein undynamisches Erscheinungs-
bild auf der Bühne *nicht* (wie etwa meine Frau fälschlicherweise immer behauptet)
meiner Faulheit geschuldet, sondern, im Gegenteil, raffiniert berechnete dramatur-
gische Absicht.

des fehlenden Alkohols, überhaupt nicht. Es schmeckt nur nach nichts, höchstens nach $Ca^{2+}$.) Im Gegensatz zu realen Theatern dürfen Sie in Ihrem virtuellen Lese-Kabarett auch rauchen. Sogar Zigarren.

Halt. Auf etwas muss ich noch kurz hinweisen. Dieses Programm „Pisa, Bach, Pythagoras" schließt sich der uralten und ehrwürdigen Tradition an, Mathematik und Musik als zusammengehörige Geschwister zu betrachten, etwa umrissen durch die Namen: Pythagoras, Quadrivium, Albert Einstein. Pythagoras war der erste, der diesen Zusammenhang explizit dargelegt hat. In der mittelalterlichen Universität gehörte die Musik zusammen mit den mathematischen Disziplinen sozusagen zur selben Fakultät (Quadrivium). Und der Mozart geigende und am Klavier phantasierende Einstein ist *die* Ikone des mathematisch-musikalischen Genies. Demgemäß setzt dieses Buch *eigentlich* voraus, dass jeder intelligente Mensch nicht nur (einfache) Formeln (keine Maxwellsche Elektrodynamik), sondern auch (einfache) Noten-Texte (keine Mahler-Partituren) lesen kann,[6] weswegen an einigen Stellen der Abteilung „Bach" auch kurze Noten-Beispiele im Text auftauchen.[7]

Aber eingedenk der Tatsache, dass Einsteins Großtaten bereits 100 Jahre zurückliegen und dass nach diesen 100 Jahren die bürgerlichen Grundfertigkeiten, „ein Instrument spielen und Noten lesen kön-

---

6    Der Schluss, der Autor sei der Meinung, erst wenn ein Mensch Formeln und Noten lesen könne, sei er wirklich intelligent, ist natürlich *absolut* unzulässig! Außerdem würde man sich damit unnötig viele Feinde aus der Fakultät des Triviums (das sind die nicht-mathematisch-musikalischen Restwissenschaften) machen. Sagen wir es so: Formeln und Noten sind für Intelligenz weder notwendig noch hinreichend, helfen aber gewaltig. Und ermöglichen vor allem wirklich subtile Freuden. (Weswegen ich etwa seit 25 Jahren für mehr Formeln und Noten im deutschen Kabarett kämpfe. Unverdrossen!)

7    Vgl. 2. Diese auf eine Fußnote verweisende Fußnote ist, was Sie sicher auch entzücken wird, sozusagen eine uneigentliche Fußnote zweiter Ordnung. Eigentliche Fußnoten-Fußnoten (also echte Fußnoten zweiter Ordnung, etwa hier beginnend mit Fußnote $7^1$), hat mir das beim Thema Fußnoten ohnehin leicht entnervte Lektorat als *absolut unüblich* freundlich aber bestimmt ausgeredet. Schade. Fußnote: Wenn aber einmal ein Planetensystem entdeckt werden sollte, in dem auch Monde Monde haben, werde ich mir erlauben, die Streitfrage, ob Fußnoten Fußnoten haben dürfen, grundsätzlich und neu aufzurollen.

nen", im Rahmen der zielstrebigen Entbürgerlichung unserer Kultur eben keine bürgerlichen Grundfertigkeiten mehr sind (vgl. etwa auch Lesen, Schreiben, Rechnen, Singen), ist diesem Buch ganz uneigentlich und fairerweise eine kleine CD beigelegt, um die im Text angeführten Musik-Beispiele akustisch zu verdeutlichen. Das Klangerlebnis dieser CD entspricht der Spröde des Stoffes: kleines E-Piano in einem kleinen Studio, einziger Zuhörer ein gelangweilter Techniker. Kein Konzert-Steinway in der Carnegie Hall mit prickelnder Recital-Atmosphäre vor 1000 mitfiebernden Klavier-Enthusiasten. Mehr war hier nicht möglich. Aber für die reine Informations-Umcodierung (Umsetzung von Notenschrift in Luftschwingungen) reicht's. Und eine Klavier-CD, und sei sie noch so unprätentiös, in einem Vieweg-Buch ist ja nun wirklich exotisch genug! Würd' ich mal sagen.

Also, machen Sie sich's bequem. Nochmal kurz nachgeschenkt. Die Zigarette/Zigarre brennt? Strecken Sie Ihre Beine aus (was in realen Kabaretts meist auch nur bedingt möglich ist), viel Vergnügen und – Vorhang auf!

PS: Nach langem, schwerem Ringen haben sich Verlag und Autor entschlossen, *doch* die handgeschriebenen Noten und handgezeichneten Abbildungen des Autors für den Druck zu verwenden. Dieselben sind zwar nicht perfekt (wie man sich unschwer überzeugen kann), vermitteln aber, gerade in Zeiten einer, der allgemein verbreiteten Verwendung des Computers geschuldeten, gewissen grafischen Uniformität und Sterilität, eine gewisse Anmutung von Authentizität und Lebendigkeit, oder, wie der große schweizer Kabarettist Franz Hohler so schön zu sagen pflegte: Es ist zwar nicht ganz perfekt ... „ab'r es ischt sälb'r gemacht!". (Vgl. auch den großen Erfolg des Hauses manufactum.)

Nachdem auch in Schüler-Referaten, studentischen Diplomarbeiten oder Rechenschaftsberichten vor Aktionärsversammlungen gelegentlich auch dürftige, mitunter sogar schlichtweg nicht vorhandene Inhalte mittels massiven Einsatzes von Textverarbeitung und Grafik durch eine bombastische Optik übertüncht zu werden pflegen, ist diese Entscheidung auch eine kleine Ermutigung, nicht zu viel Wert auf das Styling zu legen – eigentlich reicht gute Lesbarkeit – und eine kleine Reverenz vor der Tatsache, dass die wirklich großen Leistungen in der Mathematik-

und Musikgeschichte i. a. alle mit Papier (ggf. Notenpapier) und Bleistift erbracht wurden. (Bei Archimedes auch mit Sand und Stöckchen.)

Im übrigen hat der Autor, der sein Leben lang seine mathematischen oder musikalischen Gedanken wirklich nur aufs Papier *geworfen* hat, zum letzten Mal im ersten Semester Mathematik (Darstellende Geometrie) mit Tusche, Feder und Lineal gekämpft (und empirisch bewiesen: die Wahrscheinlichkeit für den alles ruinierenden ultimativen Tuscheklecks wächst exponentiell mit wachsender Bearbeitungszeit t) und kann sich deswegen eines gewissen, ganz leichten Anflugs von Stolz nicht entraten, seine grafischen Hausaufgaben, zwar nicht mit der Brillanz des professionellen Grafikers, aber doch, sagen wir mal, bemüht und ausreichend bewältigt zu haben.

# 1
# Warm-up mit Musik
# *oder*
# Kennen Sie die Melodie?

„Einen schönen guten Abend![1] Ich fange gleich mal mit der 50-Euro-Frage an. Quiz im Fernsehen ist ja seit Jahren höchst beliebt; machen wir hier auch ein bisschen Quiz. Und für die erste Frage wollte ich wirklich 50 EUR ausloben. Die natürlich der Veranstalter zahlen soll. Hab' der Intendanz erklärt: heutiges Kabarett-Publikum, die Big-Brother-Deutschland-sucht-den-Superstar-ich-bin-ein-Star-holt-mich-hier-raus-Generation! Hat doch keiner mehr Bildung. Da kann man locker 50 EUR versprechen. Kommt eh keiner drauf! Aber die Intendanz meinte, gerade bei Kabarett wisse man nie, was für schräge Vögel sich da reinverirrten. Am Ende vielleicht sogar noch ein Intellektueller! Ist heute ein Intellektueller im Publikum? (Jeder schaut betreten zu Boden.) Keiner? (Allgemeines Aufatmen) Na also.

---

[1]  Wer jetzt herummäkelt: „Aber es ist doch gar nicht Abend!" hat nur das Vorwort nicht ordentlich gelesen. Also: *go to* GEBRAUCHSANWEISUNG; (und Kabarett findet vorzugsweise abends statt).

Aber den Veranstaltern ist das zu riskant. Deswegen stifte ich, von meiner Abendgage, 5 Euro! (Ein leibhaftiger 5-EUR-Schein wird dem Publikum als Preisgeld präsentiert, was ein allgemeines leicht degoutantes Schmunzeln auslöst.) Da gibt's nichts zu grinsen. Das ist ein Haufen Geld! Nennwert[2]: 9 Mark 96. Kaufkraft: 5 Mark 80. Aber das ist eine andere Geschichte.

Also: Ich spiele jetzt ein Stück am Klavier. Wie heißt es?" *[Antwort-Menü, mit Overhead-projektor groß an die Wand geworfen:]*

a)  Ave-Maria von Gounod
b)  Ave-Maria von Schubert
c)  Ave verum von Mozart
d)  Die Sprechstunde von Bayern 3

CD #1    *[Und jetzt am Klavier:]*

So. Das war der interaktive Einstieg.[3] Und nun beginnt die meist vergnügliche, manchmal auch erschütternde interaktive Erarbeitung der Lösung mit dem Publikum. Fast sicher kommt als Publikums-Zuruf die Antwort a) (3 bis 20 Meldungen). Gelegentlich auch b) oder c).

Drei Mal in drei Jahren Tourneetätigkeit kam die nicht ganz falsche Antwort d). Ein Mal die richtige Antwort … (Dieses singuläre Ereignis habe ich mir notiert. Es geschah am 20. 11. 2004 in Mannheim, Kabarett-Theater „Klapsmühl", bezeichnenderweise nicht durch einen Mannheimer Kabarettfan, sondern durch eine ältere Dame, die eigens

---

2    Für alle, die sich noch an die Zeit vor der Währungsreform erinnern.

3    Bevor man als Kabarettist auf der Bühne auch nur einen vernünftigen Satz sagt, muss man das Publikum erst einmal locker quatschen. Die Aussicht auf einen leibhaftigen 5-EUR-Schein hilft beim Publikums-Lockern ganz ungemein!

aus Weinheim an der Bergstraße angereist war und mir hinterher erklärte, noch nie zuvor im Kabarett gewesen zu sein.) ... die richtige Antwort, die Sie, werter Leser, sicher schon längst mit leichtem Unwillen ob der Harmlosigkeit dieser Frage vor sich hingemurmelt haben werden.

Der normal-gebildete Kabarettgänger hält diese zwei Takte jedenfalls durchweg für den Anfang des berühmten Ave-Marias von Gounod. Und erst, wenn man das Publikum mit der Bemerkung verunsichert, es gäbe mehr Dinge zwischen Himmel und Erden, als man sich in seiner Schulweisheit so erträumen etc. etc. – was hier bedeutet, dass in einem Menü a) b) c) d) die Wahrheit vielleicht gar nicht notwendig enthalten sein *muss*, kann man mit viel Hin und Her (sozusagen mit Sokrates' Hebammentechnik) die richtige Antwort aus dem Publikum herauskitzeln (aber auch nicht immer): Das Präludium von Bach. Und erst der Hinweis, dass Bach etliche Hundert Präludien geschrieben hat und weitere Hilfestellungen („aus dem wohltemp ... na? ... richtig!") liefert dann (aber auch nicht immer) die endgültige Antwort: J. S. Bach, Präludium Nr. I aus dem ersten Band des Wohltemperierten Klaviers.[4] (Wenn ein Gast endlich die vollständige Antwort beisammen hat, kann man mit der leichthin hingeworfenen Aufforderung „Und wenn Sie jetzt noch die korrekte BWV-Nummer[5] wissen, gehört der 5-EUR-Schein Ihnen!" seinen kostbaren 5-EUR-Schein garantiert wieder einstecken.

---

4 Bei Klavierspielern auch kurz „das C-Dur-Präludium", was erstens auch nicht besonders präzise ist (es gibt viele C-Dur-Präludien) und zweitens bei Anfängern und Liebhabern die falsche Hoffnung nährt, es kämen keine schwarzen Tasten vor. Kommen aber sehr wohl vor! Auf diese schwarzen Tasten wird noch zurückzukommen sein. (Das war eine Drohung.)

5 Bei Mozart gibt es die Nummern aus dem Köchel-Verzeichnis, bei Beethoven und Brahms die Opuszahlen, bei Bach das BWV: das **B**ach-**W**erke-**V**erzeichnis.
Aber Sie können ganz beruhigt sein. Die BWV-Nummern sind (im Gegensatz zu Köchelnummern und Opuszahlen) eher ungebräuchlich. Muss man nicht wissen! (Macht sich aber trotzdem gut, wenn man's weiß. Z. B. unser Stück hat die BWV-Nummer 846. Gut merken. Bei Gelegenheit locker einfließen lassen.)

Ich verteidige auf diese Weise den 5-EUR-Schein aus der Premiere bereits seit 3 Jahren gegen mein Publikum!)

Gounod hat mit seinem Ave-Maria Bach jedenfalls ausgestochen. Der Hinweis, dass dieses berühmte Stück eine Art Joint-Venture-Produktion von Bach/Gounod ist, wird vom Publikum meist so interpretiert, dass Bach (der ja irgendwie ein bisschen älter war) die langweilige Begleitung schreiben durfte, während der jüngere Gounod die schöne Melodie erfunden hat. Tatsächlich war es natürlich so: Gounod hat eineinhalb Jahrhunderte nach Bach einfach die obersten Noten der gebrochenen Akkorde in Bachs Stück als lange Melodienoten benutzt. So erhält man im ersten Takt ein hohes e für „A-" und im zweiten Takt ein hohes f für „-ve".

Gounod hat seine Melodie also weniger erfunden als gefunden. Sie steckt schon irgendwie in Bachs Präludium drin. (Genauer: im kleinen Finger der rechten Hand, der diese Melodie-Spitzennoten immer anzuschlagen pflegt.) Trotzdem! Auch wenn's oft hart am Kitsch vorbeischrammt (insbesondere Arrangements für Harmoniemusik[6] oder Mandolinenorchester): Gounods Bach-Bearbeitung ist einfach ein wunderschöner Schmachtfetzen, er kam als erster drauf, und so sei ihm der (letztlich von Bach entlehnte Ruhm) von Herzen gegönnt.[7]

---

6    Kleinbürgerlicher Euphemismus für Blech. Blech ist Musikerjargon für Blechbläser i. a. und Blechblaskapellen i. b.

7    Von Bach gibt's noch etliche andere berühmte schöne Melodien. So richtig berühmt von Gounod ist außer seinem Ave-Maria eigentlich nur noch der Faustwalzer (heißt

Die Antwort a) (Gounod) wird tatsächlich gelegentlich mit b) (Schubert) und c) (Mozart) verwechselt. Weil nämlich a) wie b) oder c) auch gerne auf Hochzeiten und Beerdigungen gespielt wird. Das zeichnet einen richtigen Klassiker eben aus. Ob Hochzeit oder Beerdigung: ein Klassiker (weitere Kandidaten wären das Largo aus Xerxes, das Adagio aus der Pathetique oder das zur Zeit etwas vernachlässigte, aber zuverlässig ergreifende Intermezzo sinfonico aus der Cavalleria Rusticana; ich hab's sogar schon mal mit Orgel und Tenorsaxophon gehört) – ein Klassiker passt einfach in allen Lebenslagen.[8]

Der Schubert wurde tatsächlich ein Mal – ist noch gar nicht so lange her – in aller Öffentlichkeit mit dem Gounod verwechselt. Das war bei einer der letzten großen Monarchenhochzeiten. Prinz[9] Alexander der Niederlande heiratete ... richtig[10] ... Prinzessin Maxima. Oder

---

wirklich so, aber gemeint ist „Faust" wie „Gretchen"), der aber mittlerweile auch nicht mehr *so* populär ist. Was eigentlich schade ist. Deswegen kurz:

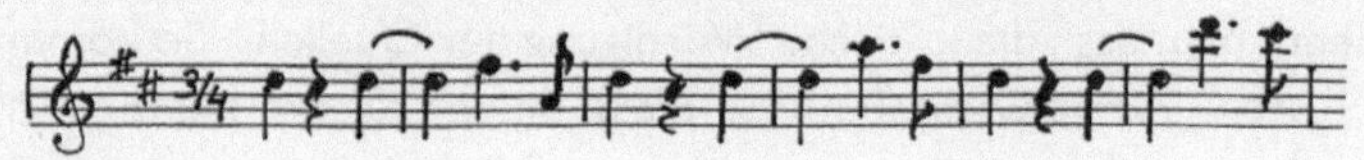

CD #4

8    Dahinter versteckt sich ein ernsthaftes Problem: die emotionale Semantik von Musik. Kirchgänger werden dasselbe Stück je nach Kontext (Beerdigung, Hochzeit) als erschütternd oder erhebend, jedenfalls als völlig passend empfinden, obwohl Abschiedsschmerz und Hochzeitsjubel ziemlich konträr sind. Musik liefert anscheinend keine bestimmten Gefühle, sondern eine Form überhöhter emotionaler Bewegtheit, die dann je nach Anlass mit konkreten Gefühlen gefüllt wird. Aber das führt jetzt für ein Kabarettprogramm wirklich zu weit.

9    Prinz rückwärts ergibt Znirp. Falls Ihnen das irrelevant erscheint – nun: diese Feststellung erklärt z. B., warum es so auffallend wenig Palindrome mit „Prinz" gibt. Auch regt „Znirp" die Phantasie an, und ich melde hiermit bereits Titelschutz an für ein Kinderbuch „Die Abenteuer des Kleinen Znirp". Aber auch jenseits aller Nützlichkeitserwägungen: Znirp *ist* einfach schön!

10    Sicherer Lacher im Kabarett: Prinzessin ... na, wie hieß sie gleich wieder – so ne dralle, blonde ... (folgt garantiert der Zuruf aus dem Publikum:) „Maxima". Darauf sofort antworten: „Vielen Dank! Wir lesen auch das Goldene Blatt?!" Folgt: Großer Lacher mit leichter Häme über die Zwischenruferin. (Sorry, bis jetzt war es immer eine –rin.) Bachs berühmtes Präludium *nicht* zu kennen, ist anscheinend völlig o.k.,

Machima, wie wir in Argentinien sagen. Machima wie „Machima an Radi". Wie wir in Bayern sagen.[11] Jedenfalls während der Trauung in der Nieuwe Kerk in Amsterdam knödelte irgendein Tenor das Ave-Maria von Bach/Gounod, und der Fernsehkommentator flüsterte prompt mit ergriffen-gedämpfter Stimme, jetzt würde gerade das Ave-Maria von Schubert zu Gehör gebracht werden. War aber der Gounod.

Nun, kann ja mal passieren. Aber am nächsten Tag stand in vielen deutschen Tageszeitungen, während der Trauung sei das Ave-Maria von Schubert zu Gehör gebracht worden. Was lernen wir daraus? Wir lernen daraus erstens, dass viele Journalisten musikalisch nicht mehr sonderlich gebildet sind. Das ist auch nicht ihr Job, und ein Instrument spielen und gewisse Stücke, die man einfach kennt, kennen, gehört eben nicht mehr (Erwähnten wir das nicht schon mal? Macht nichts!) zu den bürgerlichen Grundfertigkeiten (Friede ihrer Asche).

Aber zweitens und vor allem lernen wir daraus: Die „Exklusivberichterstatter" saßen vermutlich gar nicht in der Nieuwe Kerk in Amsterdam sondern zuhause vor ihrer Glotze. Und haben brav mitgeschrieben, was der Fernsehkommentator erzählt hat. In der Presse nennt man das „die kritische Würdigung der Quellen". So kommt's auf!

Aber damit wenigstens Sie diese beiden Stücke künftig nicht verwechseln, führe ich Ihnen noch kurz den Schubert vor.

---

Prinzessin Maxima *schon* zu kennen ist offensichtlich ein deutliches Zeichen von Unbildung.

11  Dieser Witz kommt auch immer gut. Muss man aber nicht verstanden haben. (So gut ist er auch wieder nicht.) Wenn mein Argentinien-Informant tatsächlich richtig liegen sollte, spricht man Maxima in Argentinien übrigens doch Maksima. Entgegen Mechiko!!! Aber, wer weiß das schon so genau? Deswegen lassen wir die Machima ruhig mal so stehen. (Wär auch schade um den schönen Radi.) Jedenfalls bis die ersten empörten Leserbriefe aus Argentinien eintreffen sollten.

*[Ergriffen am Klavier: der Anfang von Schuberts Ave-Maria mit viel Gefühl
gespielt]*

CD #2

*[Dann plötzlich ganz harsch abbrechen und mitten hinein in die andächtige Stille dem Publikum pädagogisch-freudig mitteilen:]* „Kann man übrigens
ganz leicht unterscheiden! Immer wenn der Tenor gleich losknödelt,
ist es der Gounod. Wenn das Klavier erst ein bisschen plim-plim-plim
macht – eine sogenannte „Begleitung" – ist es der Schubert." *[Es folgt
der zweite Anlauf am Klavier und wieder, wenn's gerade schön wird, abwürgen und dem Publikum mit pädagogischer Empathie und optimistisch
mitteilen:]* „Kann man sich übrigens prima merken! **G**leich – **G**ounod,
**B**egleitung – Schu**b**ert. Ganz einfach!" *[Dritter Anlauf am Klavier, wieder
von vorne, abbrechen und in die mühsam, zum dritten Mal aufgebaute andächtige Stimmung hinein resigniert fragen:]* „Wollen Sie's überhaupt noch
hören?"

Das ist ein sicherer großer Lacher, trotzdem beharrt das Publikum
darauf (nachdem nun mal der Eintritt bezahlt wurde), dass die versprochene Ware auch geliefert wird, und ich muss dann tatsächlich Schuberts Ave-Maria singen.

Wenn Sie's nicht mehr hören wollen, dürfen Sie getrost zum nächsten Kapitel springen. Aber wer Schuberts Ave-Maria wirklich nicht
mehr kennt (oder gelegentlich mit dem Ave-Maria von Gounod verwechseln sollte), sollte sich wenigstens kurz den Anfang anhören:

CD #3

Ist das nicht wun-der-schön? Nachdem dieses Stück seit ca. 40 Jahren als kitschig gilt (und selten zu hören ist) könnte es so allmählich mal wieder neu entdeckt werden![12]

---

12 Wegen der i. a. prompt folgenden kritischen Leserbriefe („Und was ist mit c) und d)?!") vorbeugend die vollständige Abarbeitung des Menüs. Also: c) ist auch sehr schön, geht aber wirklich ganz anders …

CD #5

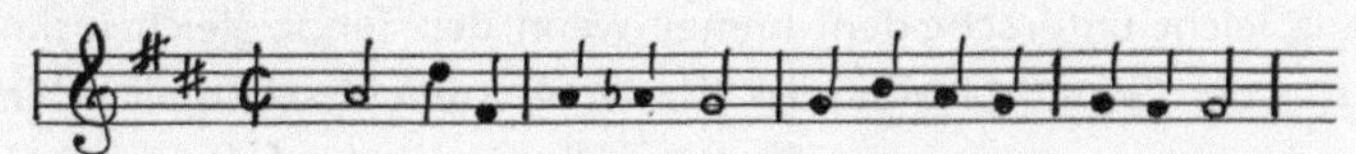

… hat aber einen ähnlichen Titel und wird, wie gesagt, auch gerne auf Hochzeiten und Beerdigungen gespielt. Antwort d) bezieht sich auf die Sendung „Die Sprechstunde" des Bayerischen Fernsehens (vormals das „Dritte Programm" oder auch der „Kulturkanal"). (Sie kennen dieses Programm nicht? Auf welchem Kanal decken Sie eigentlich Ihren Kulturbedarf?? Arte???) Dieses Gesundheitsmagazin mit Frau Dr. Antje-Katrin Kühnemann, der Hera Lind der deutschen Medizin. Na also. Jetzt kennen Sie's. Diese Sendung pflegt aber auch eine etwas eingeschränkte Klientel. Frau Dr. Kühnemann versprüht auch eher den Sex-Appeal für den Mann jenseits der 50. Aber das muss die dienstälteste Sendung im deutschen Fernsehen sein. Weil mein Vater selig hat schon jeden Montag Abend Frau Dr. Kühnemann geguckt! (Und was soll ich Ihnen sagen? Seitdem *ich* über 50 bin, sitze ich auch jeden Montag um 20[15] vorm Fernseher und gucke mir Frau Dr. Kühnemann an.) Jedenfalls wird *da* Bachs Präludium als Jingle benutzt. (Sprich Dschingl. Wie: Dschinglbäll Dschinglbäll) Aber wenn Bach schon mal ins Fernsehen darf, dann erstens nicht, wie im Original, mit Klavier, sondern mit einem Synthesizer. Und zweitens nicht, wie im Original, gleichmäßig fließend, sondern mit einer etwas aufdringlichen Schubidubdei-Synkope. (Die Schubidubdei-Synkope vermutlich, damit die Knie-Athrotiker bei ihrer Krankengymnastik bisschen mehr Schwung entwickeln.)

CD #6

Insofern wäre die Antwort d), falls Sie d) getippt haben sollten, gar nicht so verkehrt gewesen. Die 5 Euro kriegen Sie aber trotzdem nicht.

# 2
# Vorsicht Bildung
# *oder*
# Von Bildungskanons und Bildungskanonen

Also gut merken! **G**leich – **G**ounod, **B**egleitung – Schu**b**ert. Könnte ja mal im Fernseh-Quiz drankommen. Deutschland war nämlich noch nie so bildungs-beflissen wie die letzten Jahre. Das begann, als Reich-Ranicki (im Folgenden kurz R.-R.) im SPIEGEL seinen Kanon[1] veröffentlichte.

Ach so, Kanon. Das bedeutet für Musikfreunde natürlich, dass die Frauen anfangen zu singen: „Bruder Jakob". Dann noch mal „Bruder Jakob". Und wenn sie dann endlich einen neuen Text haben, fangen die Männer an mit „Bruder Jakob". Im Kabarett-Programm darf das Publikum an dieser Stelle immer den Kanon singen[2] (als sehr gute Tonart für

---

1   Seinen ersten. Mittlerweile gibt es von R.-R. einen ganzen Kanon von Kanons.

2   Da Sie Ihre Bücher vermutlich alleine lesen, können wir das hier leider nicht durch-exerzieren. Aber damit auch so wirklich klar wird, was ein Kanon ist, bitte ich, sich zu verdeutlichen: Bei einem Kanon wird eine Zeichenreihe $M$ (sog. Melodie) dupliziert, das Duplikat $M'$ in der Zeitachse um einen bestimmen Betrag $d < |M'|$ (das ist die Länge von $M'$) nach rechts verschoben. Und dann wird bei der Zeit $t = 0$ mit $M$ gestartet und beides simultan ausgeführt. Und das Erstaunlichste ist:

„Bruder Jakob" mit Laienchören hat sich nach vielen Fehlversuchen Es-Dur herausgestellt), was zu erstaunlich unterschiedlichen Ergebnissen führt. Hervorragend war z. B. Gärtringen (Gärtringen liegt hinter Böblingen), katastrophal hingegen Berlin. Hauptstadtpublikum weiß eben, was es sich schuldig ist: man ist intellektuell, also kritisch und nicht sangesfreudig. Und wenn man ihnen ganz freundlich den Einsatz gibt, schauen sie einen groß an (teils fassungslos, teils bereits verstockt) – aber singen nicht.[3]

In der Literatur ist ein Kanon einfach eine Liste der Bücher (meistens 100, manchmal – leicht orientalisch – 101, oder 111, auch schon mal 1000 – aber eher selten), die man gelesen haben muss. Oder gelesen haben sollte. Oder – irgendwann einmal – lesen wird! Etwa, wenn wir in Rente gehen. (Mit 75, wie mir meine Rentenkasse empfohlen hat.) *Da* haben wir dann Zeit, das alles zu lesen. *Falls* uns die Krankenkasse dann überhaupt noch eine Lesebrille zahlt! R.-R.s Kanon ist auch im Buchhandel erhältlich. Sozusagen six-pack-weise im praktischen Schuber, preiswert und dekorativ.[4]

---

das Ganze klingt dann auch noch gut! (Vorausgesetzt, das mit dem Singen klappt.) In der Literatur geht so was nicht. Die Frauen fangen an, die Blechtrommel laut zu lesen und wenn sie zum zweiten Abschnitt kommen, fangen die Männer vorne an ... *Das* klingt vermutlich nicht gut. Wirklich komplizierte Dinge gibt's nur in der Musik (von 4-stimmigen Spiegelkanons in der None etc. wollen wir hier gar nicht reden. Der gute Bruder Jakob zählt jedenfalls zu den eher schlichten Kanons. Erstaunlich unbekannter Geheimtip für Kanonfreunde und Klavierspieler: Max Reger, 111 Kanons durch alle Dur- und Moll-Tonarten.)

3   Mittlerweile ist sich sogar die dem deutschen Liedgut sicher nicht sonderlich zugetane deutsche Presse angesichts einer gewissen positiven Korreliertheit zwischen Sangesfreude und schulischen Leistungen im skandinavisch-baltischen Raum nicht mehr ganz so sicher (div. Artikel seit Dez. 04), ob es wirklich klug war, jeden gemeinschaftlichen Gesang in Deutschland jahrzehntelang als politisch fundamental inkorrekt zu verdächtigen. Außerdem war Gärtringen (liegt hinter Böblingen) bei Pisa sicher besser als Berlin! Woraus natürlich noch kein kausaler Zusammenhang ableitbar ist, aber man wird es ja noch sagen dürfen! (Böblingen liegt hinter Stuttgart.)

4   „Was man schon nicht gelesen gemusst hat, sollte man wenigstens gekauft gehabt werden." (Alte bildungsbürgerliche Spruchweisheit).

Aber R.-R. hat sowieso nur das Übliche empfohlen: Bibel, Blechtrommel, Buddenbrooks. Bisschen Brecht. Die üblichen deutschen großen Bs.[5] Die *wirklich* wichtigen Bücher wurden natürlich wieder mal übergangen! Z. B. „Der große Konz – 1000 ganz legale Steuertricks" (gibt oft Szeneapplaus, da Freiberufler im Kabarett statistisch überrepräsentiert). Oder, eines der erfolgreichsten Bücher der deutschen Nachkriegsliteratur: „Das Nachbarschaftsrecht in Baden-Württemberg" (Ulmer Verlag, Stuttgart. 25ste Auflage. Mindestens!) Ja, das sind Bücher! Die muss man nicht gelesen haben. Die *hat* man gelesen.

R.-R.s Kanon wurde von der Presse teils sehr übel aufgenommen (Bildungsbürgerlich! Pfui!! Repressiv!!!), teils mit Ergänzungs- und Alternativkanons beantwortet. Jedenfalls wirbelte er viel Staub auf. Und hat damit seinen Hauptzweck glänzend erfüllt.

Dann kam das Buch „Bildung – alles was man wissen muss" von Professor Schwanitz. Ein wirklich schönes Buch! Es hat nur einen klitzekleinen Fehler: es enthält praktisch nichts über Mathematik, Naturwissenschaften und Technik (außer – natürlich – Einsteins spezielle Relativitätstheorie und der Zeitbegriff in Joyces Ulysses). Aber Mathematik, Naturwissenschaften und Technik gehören auch nicht zur richtigen Bildung. (Denkt sich jedenfalls ein ordentlicher deutscher Professor.) Aber seien wir fair: dieses Buch ist auch so schon dick genug![6] Und trotzdem hielt es sich viele Monate unter den top-ten der deutschen Bestseller-Listen. Chapeau!

Das einzige Buch, das sich noch besser verkaufte, war natürlich „Der große RTL-Wissenstrainer" für Günther Jauchs „Wer wird Millionär". Und dass ich das auf meine alten Tage noch erleben darf! In meiner Jugend gab's nämlich auch schon mal ganz viel Bildungsquiz. Und jetzt, nach 40 Jahren geistig-sittlichen Verfalls im deutschen Fernsehen –

---

5    In der Musik: Bach, Beethoven, Brahms und Bruckner. Bzw. Benatzky (Im weißen Rössl am Wolfgangsee), Bruhns (Zwei kleine Italiener) und Bohlen (Schäri Schäri Läidi).

6    Und vor allem: es ist gescheit und trotzdem leicht bekömmlich geschrieben. Insofern war der Autor gerade *kein* typisch deutscher Professor, sondern von geradezu angelsächsischer Menschenfreundlichkeit gegenüber dem Leser.

von Kuli,[7] über Rudi, und Dalli-Dalli bis Tutti-Frutti („Wir machen einen Länderpunkt!"[8]), Big-Brother und Dschungel-Camp – jetzt stehen wieder auf sämtlichen Kanälen Abend für Abend junge Männer[9] vor der Kamera (sog. Quiz-Master) und fragen bildungsbeflissene Mitmenschen (sog. Kandidaten) substantielle Dinge, wie z. B.: Wie hieß Beethovens Dritte?

a) Eroica
b) Erotika
c) Erika
d) Erich

(Jetzt gibt's natürlich kein Geld mehr für die Antwort. Das war nur so ein Beispiel für's Fernseh-Quiz. Aber falls Sie's genauer wissen wollen, ziehen wir noch den Fifty-Fifty-Joker. Also: b) und d) sind falsch. Mehr wird aber nicht verraten![10])

---

7    Kuli = Hans-Joachim Kulenkampff. Hans-Joachim Kulenkampff war der Thomas Gottschalk der 50er-Jahre. Nur besser angezogen. (Sagt meine Mutter.)

8    Kennen Sie nicht? Die Quiz-Sendung Tutti-Frutti (volkstümlich: Titti fritti) hatte seinerzeit sensationelle Einschaltquoten, und jetzt kennt's plötzlich keiner mehr! Anscheinend waren die Zuschauer damals schon alle über 60 und sind mittlerweile alle tot. (Falls aber außer mir noch einer leben sollte: das mit dem Länderpunkt habe ich auch nie verstanden.)

9    Die altehrwürdigen Männerdomänen politische Macht und Kontakt zu den höheren Mächten (Häuptlinge und Schamanen bzw. Politiker und Kleriker) wurden ja längst von Frauen erobert (Frau Engelen-Kefer, Frau Jepsen). Als allerletzte Männerdomäne verbleiben: Kardinal, Elferratsmitglied und, offensichtlich, Quiz-Master: Kuli und Rudi, Wim und Hänschen, Hugo-Egon und Günther ... die Herren des Wissens *sind* Männer!

10    Den Höhepunkt in vielen Jahren „Wer wird Millionär" bildete der folgende Dialog. Quizmaster: „Welche der folgenden vier bekannten Schokoriegel-Namen ist auch der Name eines Planeten: a) Ballisto b) Mars c) Bounty d) Snickers?" Kandidat: denkt. Quiz-Master: amüsiert. Kandidat: denkt. Quiz-Master: allmählich ungläubig. Kandidat: denkt immer noch. Quiz-Master, ermunternd: „Und der Planet heißt ... na ... " Kandidat, mutig: „Snickers!" Vielleicht ist unsere heutige Welt doch eine schöne, neue, unbelastet von allem Bildungsschrott: roter Planet, Kriegsgott, Orson Wells, Olympus Mons, Pathfinder ... Ach was! Die Welt ist ein gigantischer Frei-

Kennt eigentlich jemand noch Heinz Maegerlein? Nicht?[11] Also für die Unterfünfzigjährigen: Heinz Maegerlein war der Günther Jauch der 50er-Jahre. Nur war er kein so lässiger langer Schlacks, sondern eher ein sehr korrekter kleiner Dicker. Mit Glatze. Nur vorne hatte er noch paar lange Haare, die hat er, wenn er nervös war, immer mit der Hand von links nach rechts über seine Stirn gestrichen. Aber mit so einem Aussehen kam man damals noch ins Fernsehen! Von wegen, die 50er-Jahre seien nicht liberal gewesen![12]

Heinz Maegerlein war zunächst Sportreporter. (Spezialität Wintersport: „Sie standen an den Hängen und Pisten" – unvergessene Sternstunden des jungen deutschen Fernsehens.) Und dann hatte er eine Quiz-Sendung, die war höchst erfolgreich, lief viele, viele Jahre, hieß „Hätten Sie's gewusst?" und funktionierte praktisch genauso wie die ganzen Quizshows von heute. Einziger Unterschied: die Gewinne waren etwas niedriger (Etwa 100 Mark statt $10^6$ EUR; aber dafür eben keine Euro sondern echte gute DM. Mit der Kaufkraft der 50er-Jahre!). Und natürlich: die Kandidaten mussten damals noch selbständig in korrekten ganzen deutschen Sätzen antworten. Nix a) b) c) d)!

Das Menü ist eine evolutionäre Anpassung des modernen Menschen an seine veränderte Microsoft-Umgebung, die allerdings zu einer

---

zeitpark, der Mond ist ein Stück Käse, die Sonne ist ein riesiges out-door-Solarium, die Sphärenmusik erzeugen um die Erde kreisende Schokoriegel und astrologisch ist alles in Erdnussbutter: Snickers steht im dritten Haus!

11  Ich weiß nicht, wie das bei Ihnen ist. Aber im Publikum gibt es immer wieder Leute, die ausschauen, als müssten sie noch Heinz Maegerlein kennen, es aber nicht zugeben. (Vermutlich betreiben sie Anti-Aging und wollen den Therapieeffekt nicht gefährden.)

12  Die 50er-Jahre waren wirklich seltsam. Z. B. hießen Top-Manager damals nicht Top-Manager sondern Wirtschafts-Kapitäne, waren klein, dick und glatzköpfig, hatten im Mund immer eine dicke Zigarre und in der linken Hand immer ein Glas mit Schaumwein („Schampus"!). Und Englisch konnten sie auch nicht. Die heutigen Wirtschafts-Kapitäne heißen Top-Manager, sind schlank und drahtig (weil sie, wenn sie nicht gerade Tennis spielen, auf dem Golfplatz sind), rauchen nicht, trinken nicht, fördern moderne Kunst und verstehen so schwierige englische Wörter wie „win-win-situation". Natürlich haben diese peinlichen Wirtschafts-Kapitäne damals Millionen Arbeitsplätze geschaffen und Milliardengewinne – sogar versteuert – während *heute* . . . aber von der Optik her! Was für ein Fortschritt!!

gewissen Verkümmerung der Formulierfähigkeit und einer etwas verkürzten Kommunikation[13] geführt hat, z. B. „und so" – „irgendwie" – „weiß nich" oder (mit 4 Wörtern schon relativ aufwändig) „ey voll krass ey".

Jedenfalls hatten wir noch nie so viele Bildungskanons in unseren Medien und Bildungskanonen im abendlichen Fernsehquiz – und trotzdem wissen wir (seit 3 Jahren sogar amtlich): wir waren in Deutschland noch nie so doof wie heute. Wo steht der schiefe Turm? In a) Peso, b) Posa, c) Prosa, d) Pita.[14] Richtig: in e) Pisa.

Jetzt sind wir endlich am Punkt angelangt. Pisa, diese notorische Vergleichsstudie betreffs Schulbildung in Europa. Erster Platz: Finnland. FINNLAND!? Wissen Sie zufällig, was „eins, zwei, drei" auf finnisch heißt?[15] Yksi, kaksi, kolme. Wirklich! Yksi, kaksi, kolme! Man fragt sich: wie gut wären diese Finnen erst, wenn sie noch eine vernünftige Sprache hätten?[16] Elf heißt vermutlich Yksiyksi.[17]

Siebenter Platz: Österreich. Das wird Ihnen, sofern Sie Nicht-Bayer sind, relativ egal sein. Aber für uns Bayern, hier zwischen Lindau und Passau, ist das schon demütigend. Ausgerechnet die Ösis! Skifahren – o.k. Aber Cordoba. Und jetzt auch noch Pisa! Aber, was will man machen? Karl Moik war ausverkauft in Peking. (Tatsache: Karl Moik war

---

13    Schlafzimmerdialog eines modernen Dinki-Pärchens (beide arbeiten in der Computer-Branche, deswegen double income no kids). Sie, in einem flotten neuen Fummel: „Liebling, was machen wir heute Abend?" Er, schon im Bett, kurz von seiner Computer-Woche aufblickend: „c)". Wenn Sie den Witz nicht gut finden – macht nichts, es kommen hoffentlich noch paar andere. Es sollte auch nur dezent angedeutet werden: Die Welt i. a. und das Leben i. b. sind reicher als a) b) c) d).

14    Beliebter Zwischenruf bei diesem Antworten-Menü: „Posa gibt's nicht!".

15    Es ist erstaunlich, wie viele Leute hierzulande (praktisch in jeder Vorstellung mindestens 2 Gäste) Finnisch können!

16    Im Französischen heißt 81 Viermalzwanzigpluseins. Und im Deutschen schreibt man 345 und spricht 3hundert5und4zig.

17    Eins eins. Die erfreuliche Feststellung in Fußnote 15 betreff des polyglotten deutschen Touristen, wird dadurch etwas relativiert, dass es mit dem Finnischen ab 4 immer schnell nachlässt. Finnisch Elf scheint in Deutschland überhaupt niemand zu wissen!

ausverkauft in Peking! Ich war vor vier Wochen in Hongkong. Wirklich. Aber kam kein Mensch!) Arnold Schwarzenegger (sprich: Schwotzn-äggr) ist Landeshauptmann von Kalifornien. Und jetzt hat die Jelinek auch noch den Nobelpreis! Die Österreicher, die wissen wie's geht! Aber, wenn man die bayerischen Regierungsbezirke bezüglich PISA I einzeln auswertet und in die europäische Gesamtstatistik einfügt, landet Oberbayern, hab ich mal irgendwo gelesen (vermutlich im Bayerischen Staatsanzeiger), auf Platz 8. Fast so gut wie Österreich!

Meine niederbayerische[18] Heimat landet bei diesem Verfahren allerdings irgendwo auf Platz 22. Aber wir in Niederbayern sagen uns: was brauchma mir eine Büldung, wo ma mir einen Daniel Küblböck ham, oda?[19] Außerdem liegt Niederbayern damit immer noch knapp vor Deutschland insgesamt. Dann kommen (ich glaube in den 30ern und 40ern) Nordrhein-Westfalen und Niedersachsen, und schließlich, etwas abgeschlagen, etwa auf Platz 53 (sozusagen zwischen Turkmenistan und Tadschikistan): Bremen. Bremen, oder auch Gesamtschulistan,[20] wie wir im bayerischen Kultusministerium immer sagen.[21]

---

18  Niederbayern ist für Oberbayern, was für den Wiener das Burgenland, für den Zürcher Appenzell, für Kölner die Eifel, für Ruhrgebietler das Sauerland oder für den Hanseaten Ostfriesland. Ostfriesen, Sauerländer, Eifelbewohner, Appenzeller, Burgenländer und wir Niederbayern sehen das natürlich anders. Die Niederbayern der Niederbayern sind die Oberpfälzer.

19  = wozu benötigen wir Bildung, wenn wir doch einen Daniel Küblböck hervorgebracht haben. Nachgestelltes „oda" entspricht dem britischen „isn't it".

20  Hier können Sie lachen (triumphierend), wenn Sie *gegen* die Gesamtschule sind. Vgl. aber Fußnote 21

21  Hier können Sie lachen (höhnisch, bitter) wenn Sie *für* die Gesamtschule sind. Es gibt Themen, da können Sie im Kabarett beliebig grob geschmacklose Witze machen (z. B. 20 Jahre lang über Helmut Kohl, die CSU, die Bundeswehr, den Papst) – der ganze Saal jubelt und die Presse schreibt: „Ganz nett, aber könnt' ruhig bisschen schärfer sein." Und es gibt Themen (z. B. die Gesamtschule), da muss man sehr vorsichtig sein. So hab ich gedacht „Gesamtschulistan" für Bremen sei doch nach PISA I eine nette Pointe. Hat mir aber viel Ärger eingebracht. Weil, wie ich mich mehrfach belehren lassen musste, schon die Fragestellungen in PISA I bedingten eine systematische Verzerrung zu Ungunsten von und überhaupt darf man in Deutschland keine Witze über die Gesamtschule machen! Deswegen sage ich jetzt nach „Gesamtschulistan" immer noch das mit dem Bayerischen Kultusministerium.

Laut einer Emnid-Umfrage halten sich übrigens 72 % aller Deutschen für gebildet, glauben aber, dass auf einen mit Bildung mindestens vier ohne Bildung kommen. Das macht . . . Moment! Prozentrechnung mache ich nur noch mit Taschenrechner (Taschenrechner in die Hand nehmen und eintippen:) . . . 72 Prozent . . . mal 4 . . . das macht: 72 % aller Deutschen sind gebildet! Und 288 % sind doof.

---

Erstens lachen da die Leute automatisch („Brach schon bei dem Namen Strauß ohne Grund in Lachen aus" K. P. Schreiner). Zweitens können Sie sich dann aussuchen, wo Sie mehr lachen wollen. Drittens kann ich bei Bedarf sagen: ich bin ja gar nicht für/gegen sondern eigentlich gegen/für und habe nur die, die für/gegen sind ein bisschen aufs Glatteis geführt. Wir Kabarettisten nennen das ein paritätisch gepuffertes Pointenpaar. Hab ich eigentlich schon erwähnt, dass ausgerechnet Bremen das erste Land war, das das neue Schulfach „Benimm" eingeführt hat? Das war jetzt keine dritte Pointe. Nur eine sachliche Mitteilung.

# 3
# Vorsicht Mathematik
# oder
# ... um die Hälfte
# verdoppelt!

Wenn man wissen will, was unter dem Stichwort Pisa eigentlich alles so schief lief, lohnt ein Blick in die Presse[1] hinsichtlich der so genannten härteren Disziplinen. Das ist das, was Gymnasiasten vorm Abitur gerne abwählen und nach dem Abitur dann auch entsprechend ungern studieren: Mathematik, Physik, Chemie, Astronomie. Nein, Medizin nicht. Die Medizin ist eine edle Kunst, aber keine harte Disziplin.[2] Ja – und dann vor allem die ganzen Ingenieurwissenschaften. Als sich z. B. nach dem Terroranschlag 2001 in New York herausstellte, dass einige der Attentäter in Hamburg Ingenieurwissenschaften studiert hatten, schrieb etwa die gute alte FAZ („Dahinter steckt immer ein kluger Kopf!") über einen dieser Studenten ziemlich erstaunt: „Seine Fächer warten technische Mechanik, Mathematik und Maschinenbau – also nichts von gesellschaftlicher Relevanz!" So kann man sich täuschen. Aber das leicht gespannte Verhältnis der FAZ zu den härteren

---

1    Ein Blick in die Presse lohnt immer. Hier aber ganz besonders.

2    Nicht mal bei den Orthopäden.

Disziplinen kündigte sich schon einen Monat vorher an. Die FAZ vom 17. August 2001: „Der große französische Mathematiker Fermat kam am 17. August 1601 – heute vor dreihundert Jahren – zur Welt." Also wenigstens bei einem Zahlentheoretiker sollte man sicherheitshalber mal kurz nachrechnen. Und im Wirtschaftsteil, also nicht im Feuilleton (da hätte das ja irgendwie Charme[3]) nein, im Allerheiligsten, im Wirtschaftsteil stand mal die Überschrift: „Dollar wieder über 0,95 Dollar." Was ist los? Soll man jetzt kaufen oder verkaufen? Muss man sich nicht wundern, dass die Börse so volatil geworden ist.[4]

Falls Sie aber eine andere Zeitung lesen, brauchen Sie jetzt nicht zu grinsen: Ja, ja, die gute alte FAZ. Z. B. hat unsere Süddeutsche aus München ein echtes Problem mit der Prozentrechnung und macht aus der Agenturmeldung: „6 Prozent aller Münchner Theaterkarten sind Freikarten" kurz, kühn und falsch: „Jede 6. Karte eine Freikarte."

Also einige haben gemerkt, dass da irgendwas nicht stimmt; bei anderen merke ich, dass es im Kopf noch arbeitet. Aber bevor ich das jetzt mühsam am Overheadprojektor vorrechne – nach dieser Logik bedeutet 100 Prozent jeder Hundertste, und das kann's ja wohl nicht sein. Und als die Bundesbahnneubaustrecke[5] Köln – Frankfurt eröffnet wurde, schrieb die SZ begeistert, der neue ICE 3 schaffe Steigungen bis zu 40 Prozent." Vierzig Prozent! Vielleicht haben Sie als Autofahrer schon mal das Schild gesehen: Achtung 14 Prozent Steigung – bitte ersten Gang einlegen. Wenn Sie einen Geländewagen haben (Wozu auch immer. Geländewägen in Deutschland! Aber es muss solche seltsamen Typen geben, die tatsächlich im Geländewagen herumfahren. Die Straßen sind voll mit Geländewägen. Vor allem die linke Spur auf der Auto-

---

3    Ein Feuilletonist muss *alles* können. Außer rechnen.

4    Volatil ist ein börsentechnischer Euphemismus für im A… Aber es soll ja wieder besser werden!

5    Ich weiß – auch ohne die Leserbriefe, die deswegen tatsächlich schon kamen – es heißt schon lange nicht mehr Bundesbahn, auch nicht mehr Deutsche Bahn, sondern nur noch: Die Bahn. Und was würden Sie zu „Diebahnneubaustrecke" sagen? Eben. Die Bundesbahn war einfach besser.

bahn.[6]) – also wenn Sie einen Geländewagen haben, schafft der, wenn er gut ist, 30 Prozent, und der 800 Meter lange und 600 Tonnen schwere ICE düst fröhlich mit 300 Sachen eine 40 Prozent-Steigung bergauf! Dafür schreibt der FOCUS dann wieder: „Statt 7 registrierten die Forscher 14 Todesfälle, ein Anstieg um 50 Prozent". Ja ja, der Teil und das Ganze, wie der große Prozentrechner Werner Heisenberg immer zu sagen pflegte. Und dass sogar größer und kleiner eine echte intellektuelle Herausforderung sein kann, merkt man, wenn man in seiner Zeitung liest: „Statt alle vier Wochen muss man nur noch alle 14 Tage zur Kontrolluntersuchung. Eine deutliche Verbesserung für die Patienten." Na ist doch prima, dass die Alterchen bisschen mehr Bewegung haben!

Schön ist auch die Empfehlung: „Erforderlich ist eine Luftfeuchtigkeit von nie mehr als 50 und nie weniger als 55 Prozent." Das wird schwierig! Aber das schlagendste Beispiel für die Komplexität von größer und kleiner (das auch die Hoffnung zerstieben macht, unserer Jugend nahte Rettung von der Privatschule) lieferte die Internet-Werbung einer deutschen Privatschule mit der reißerischen Schlagzeile: „4 von 3 Deutschen können nicht rechnen!" Dass es schlimm ist, haben wir alle geahnt. Aber dass es schon so schlimm ist!!

Trotzdem, das Schwierigste in der Mathematik für Medien ist und bleibt die Prozentrechnung. So meldet die Allgäuer Zeitung, die Anzahl der Übernachtungen habe sich im Vergleich zur letzten Saison um

---

6    Sinn machte der Geländewagen nur, wenn Sie freitagnachmittags mit Ihrem Geländewagen dreispurig im Stau stecken, sich trickreich auf die Standspur rüberschlängeln – um dann senkrecht über den Kartoffelacker davonzubrettern. Aber das traut sich ein deutscher Geländewagenfahrer nicht. Weil da sein schöner Geländewagen ja dreckig werden könnte.

die Hälfte verdoppelt.[7] Das bedeutsamste Beispiel aber zeigen wir als (sozusagen) Faksimile (sonst glaubt's wieder keiner):

> *Da zudem ein Fünftel (also fast 80 %) der*
> *Bevölkerung Probleme mit Prozentrech-*
> *nung hat, bitten wir die Fakultät für*
> *Mathematik, uns absolut in prozentual um-*
> *zurechnen und die ‚wahren' Zahlen zu*
> *präsentieren.*

Das Schönste daran ist das „fast". Ein Fünftel sind 20 %, vier Fünftel 80 %. Das kann man schon mal verwechseln. Aber 80 % für ein Fünftel kam dem Autor dann doch ein bisschen viel vor. Deswegen — vermutlich — die vorsichtige Abschwächung: Ein Fünftel, also *fast* 80 %. Aber am *allerschönsten* ist natürlich die Vorstellung, die Mathematiker an der Hochschule trieben alle ganz toll Prozentrechnung, weswegen sie da alle ganz toll kompetent sein müssen.[8] Überhaupt die Vorstellung von „höherer Mathematik" bei Journalisten. In einem anderen Programm fragte ich einmal mein Publikum (und zwar rhetorisch): Wenn 1 Kiwistrauch auf ½ qm jährlich 11 Kiwis trägt, wie viele Kiwis könnte die Bundesrepublik Deutschland auf der Fläche aller Bundesautobahnen $F_{BAB}$ = 20.000 km × 20 m produzieren?[9] Zwei Tage später in der Kritik: „. . . und quält das Publikum mit höherer Mathematik!" Der 3-Satz, eine Kerndisziplin der Höheren Mathematik.

---

7     Vermutlich ist die Übernachtungszahl konstant geblieben. Wenn man etwas verdoppelt, dann aber nur die Hälfte nimmt, ändert sich nicht viel. „Um die Hälfte verdoppelt" klingt aber viel dynamisch-optimistischer (gerade in Zeiten wirtschaftlicher Rezession) als „ist gleich geblieben". Vielleicht war aber auch gemeint: verdoppeln bedeutet +100 %, also ist um die Hälfte verdoppeln +50 %? Eine kreative Verfeinerung der ungeschlachten Tätigkeit des Verdoppelns! Um die Hälfte halbieren wäre dann 75 %. Übungsaufgabe (für mathematisch Fortgeschrittene): was bedeutet a) um die Hälfte vierteln b) um das Dreifache halbieren c) um das $n$-fache $m$-teln ($n$, $m \in \mathbb{N}, \mathbb{Q}, \mathbb{C}$); $\mathbb{N}$, $\mathbb{Q}$, $\mathbb{C}$ sind keine Druckfehler, sondern die Mengen aller natürlichen, rationalen und komplexen Zahlen, was mathematisch Fortgeschrittene natürlich wissen und ein normaler Mensch nicht wissen muss.

8     Wär' ich mir nicht so sicher.

9     $11 \cdot 2 \cdot (2 \cdot 2) \cdot 10^{(4+3+1)}$ [Kiwis]

Aber solche Highlights der exakten Wissenschaften finden sich wahrlich nicht nur in der Presse. Bei einer sehr rührigen Volkshochschule fand ich etwa unter der Überschrift „Naturwissenschaften und Technik" das Kursangebot 1) Feng Shui 2) Wünschelrutengehen und 3) Pannenkurs für Frauen. Feng Shui, nicht Chop Sui. Feng Shui ... das ist zum Beispiel: damit beim multikulturellen Kochen ihre Wan Tan Nudeln auch wirklich al dente werden, müssen Sie Ihren Barbecue-Grill nicht von Ost nach West, sondern von Yin (das sitzt da, unter ihrem Sonnengeflecht) nach Yang (das ist irgendwo da oben) ausrichten, so dass Ihr Wok parallel mit den Erdstrahlen, die Sie zuvor mit Ihrer Wünschelrute geortet ... also das sind Naturwissenschaften in Deutschland. Und der Pannenkurs für Frauen deckt bei uns offensichtlich den Bereich Technik ab. An der Münchner Volkshochschule gibt's auch noch den Kurs „Computer für Frauen".[10] Müssen irgendwie extra gebaute Computer mit großen dicken bunten Knöpfen sein. Aber Volkshochschulen sind überhaupt etwas eigen. An der Volkshochschule Reutlingen gab's mal den Kurs „Wir basteln unsern Grabschmuck". Aber diese beglückende Synthese aus Esoterik und Sparsamkeit ist auch nur im Raume südlich Stuttgart möglich.[11]

Und in einer Frontal-Sendung zu PISA wurden zur Abwechslung mal statt Schüler Lehrer befragt. Auch sehr lustig. Und ein Realschullehrer, also nicht humanistisches Gymnasium oder Waldorfschule, sondern ein wackerer *Real*schullehrer antwortete auf die Frage: „Was ist ein Hektar?" völlig unbedarft: „Keine Ahnung, aber in Mathe war ich schon immer schlecht. Hä hä." Erstens: die Frage, was ein Hektar ist, ist noch nicht unbedingt Mathematik, Herr Lehrer! Sondern vielleicht so was wie Allgemeinbildung, da auch Nichtmathematiker mal im Stande

---

10 An dieser Stelle pflegen im Publikum immer einige weibliche Gäste zu buhen. Und natürlich sämtliche Frauenversteher unter den männlichen Gästen. Ich pflege dann immer zu beschwichtigen: Den Kurstitel „Computer für Frauen" habe nicht ich mir ausgedacht, sondern vermutlich die Frauenbeauftragte für die Volkshochschule München.

11 Das ist die Gegend, in der der Pietismus, die Gogen, Prof. Jens und Frau Doktor Herta Däubler-Gmelin zu Hause sind.

sein sollten, ein Grundstück zu kaufen. Und zweitens war Deutschland leider schon immer das einzige Land der Welt, in dem man ungestraft damit kokettieren kann, dass man in Mathe schon immer schlecht war. Und dafür auch noch bewundert wird und, je nach sozialem Umfeld, als besonders sensibel, metaphysisch oder engagiert gilt. Wenn Sie das mit „Ach in Mathe war ich schon immer schlecht" z. B. in England, Amerika, Russland oder in Frankreich vom Stapel ließen – gerade in Frankreich, dem Land Descartes'[12] und der clarté – das wäre, wie wenn Sie bei uns in Deutschland bei einem Premieren-Empfang nach Bellinis Norma vor lauter wichtigen Menschen[13] sagen würden: „Norma? Norma? War das nicht die kleine Schwester von Aldi?" So peinlich wäre das in Frankreich.

Ja und in einer großen Volkshochschule im Landkreis München gab's unter der Überschrift Naturwissenschaften nur die drei Kurse: Astrologie I, Astrologie II, Astrologie III. Naturwissenschaften – Astrologie! Aber man macht Horoskope heutzutage ja auch mit Computer. Also ist die Astrologie eine exakte Wissenschaft. A propos Astrologie: Es heißt: Hegel, der Schöpfer der Dialektik (und via Marx und Adorno der Erzvater unserer bundesdeutschen Intelligenzja[14]) habe bewiesen, dass es genau 6 Planeten geben muss. Als dann der siebente Planet entdeckt wurde und Hegel auf seinen sechsen beharrte, wagte einer seiner Assistenten zu bemerken: „Aber Herr Professor, das widerspricht doch den Tatsachen!" Darauf Hegel, grimmig: „Um so schlimmer für die Tatsachen!" Ob diese Anekdote wahr oder nur gut erfunden ist, weiß ich nicht. Aber Hegels berühmte Definition der Elektrizität die gibt es wirklich!

---

12  Ein sehr bedeutendes und verbreitetes französisches Buch über Frankreich (von André Glucksmann) heißt: Descartes c'est la France. Vgl. Fußnote 14.

13  Redundant: Menschen bei Premieren-Empfängen *sind* wichtige Menschen.

14  Und beantrage hiermit Titelschutz für die geplanten Werke: Hegel, das ist Deutschland. Hildegard von Bingen, das ist Deutschland. Heino, das ist Deutschland. Vgl. Fußnote 12.

Das folgende Zitat habe ich übrigens aus dem Internet.[15] Und dass das aus dem Internet sein muss, erkennt man auch gleich an der fortschrittlichen Rechtschreibung: z. B. „Hegel's". Der sächsische Genitiv scheint ja im Deutschen mittlerweile obligat zu sein. In der Frühstückskarte eines Münchner Café's entdeckte ich neulich: „Rühreier mit Toast's". Toast's! So weit geht nicht mal der Angelsachse. Und auf der Münchner Auer Dult wirbt ein Stand, der Kräuterbonbon's verkauft, mit dem Schild: „Stet's frische Ware". Stet's! So wie ein pawlowscher Hund auf ein Klingelzeichen mit dem Absondern von Speichel reagiert, reagieren wir auf ein s am Schlus's eines Worte's mit dem Absondern von Apostrophen. Im übrigen ist es mir etwas rätselhaft, wie man gerade bei Kräuterbonbons die Frische der Ware überprüfen will, aber . . . egal. Also, frisch aus dem Internet (inklusive der originellen Original-Internet-Zusammenschreibungen):

> *Hegel's Definition der Elektrizität:*
> Die Elektrizität ist der reine Zweck der Gestalt, die sich
> vonihr befreit; die ihre Gleichgültigkeit aufzuheben anfängt,
> denndie Elektrizität ist das unmittelbare Hervortreten oder
> das noch nichtvon der Gestalt herkommende, noch durch
> sie bedingte Dasein, oder nochnicht die Auflösung der Ge-
> stalt selbst, sondern der oberflächliche Prozess, worin die
> Differenzen ihre Gestalt verlassen, aber sie zuihrer Bedin-
> gung haben und noch nicht an ihr selbständig sind.

Alles klar? Wie gesagt: „Um so schlimmer für die Tatsachen!" Ein Grundmuster des Bundesdeutschen Geisteslebens. Und dementsprechend findet man im Feuilleton einer der großen deutschen Tageszeitungen: „Die Naturwissenschaften sind ein Fremdkörper unserer Gesellschaft". So isses. Es hat sich bei uns seit Hegel nichts geändert. (Und

---

15  Ich sage das – ermutigend – damit Sie sehen, dass auch jemand wie ich (über 50, nicht mehr vermittelbar, BMI nur mehr suboptimal und obendrein, zumindest in der Anmutung, dem im 18. Jahrhundert wurzelnden deutschen Bildungsbürgertum zugetan) *trotz alledem* der modernen Medien mächtig sein kann.

dieser Satz war auch nicht kritisch gemeint, sondern im wowereitschen Sinne: Und das ist auch gut so!) Oder in einem anderen großen deutschen Feuilleton: „Der Grund, sich mit den Naturwissenschaften zu beschäftigen, liegt nicht in irgendeinem Versprechen, Spaß zu machen, sondern darin, dass sie nützlich sind." Haben Sie gemerkt? Kein Spaß, nur nützlich! Natürlich muss sich auch in unserer Gesellschaft irgend jemand um so uncoole Dinge wie Spargelstechen, Müll, Software oder komplizierte Maschinen kümmern. Aber für solch niedere Dienste opfern wir doch keine deutschen Arbeitskräfte. Oder gar Abiturienten. (Da importieren wir doch lieber polnische Studienräte für den Spargel, Türken für den Müll, Inder für die Software und für den Maschinenbau Koreaner. Die sind auch bisschen kleiner, wenn man mal mit dem Schraubenschlüssel untendrunter muss.) Und aus dem Feuilleton einer dritten großen Tageszeitung: „Der Bildungswert der Mathematik ist genauso wenig plausibel wie der der deutschen Rechtschreibung". Ich meine, die deutsche Rechtschreibung haben wir ja schon erfolgreich reformiert. Aber unsere Kinder müssen ja jetzt auch noch alle Englisch lernen. In der Grundschule! Und ist Ihnen schon mal aufgefallen, wie man im Englischen ein so harmloses Wort wie etwa „to laugh" schreibt? Lachen, to laugh: T-O-L-A-U-G-H. Also o für u, au für a (das u ist völlig für die Katz!) und gh für f. GH für F! Dieses ganze Englisch gehört doch schon längst mal von einer deutschen Expertenkommission gründlich überarbeitet!

Und vorm nächsten PISA-Test reformieren wir dann auch gleich noch die Mathematik $(a+b)^2 = a^2 + 2ab + b^2$? Quatsch! $(a+b)^2 = a^2 + b^2$ reicht vollkommen. Kann man sich auch leichter merken. Und $\pi = 3,14\ldots$?!? $\pi$ ist künftig gleich $3,0$! Unendliche Dezimalbrüche sind für deutsche Schüler einfach zu lang. Und transzendente Zahlen für deutsche Intellektuelle (nach Hegel die Speerspitze des Fortschritts) einfach zu hoch. Denn wie urteilt das deutsche Feuilleton abschließend? „Der Bildungswert der Mathematik ist genauso wenig plausibel wie der der deutschen Rechtschreibung. Je sinnloser, desto anstrengender und furchterregender".

Und wenn das schon in der Zeitung steht, darf man sich nicht wundern, wenn sich unsere Schüler sagen: „Mathematik, Physik, Ingenieurwissenschaften? Ii – das ist ja anstrengend!" Und sich fürs Abi stattdessen frohen Herzens und leichten Sinnes auf Erdkunde, Sozialkunde und Religion werfen. Bzw. Ethik. Ethik das ist „Religion light".[16] Und diese systematische Ermutigung, sich seines eigenen Verstandes *nicht* zu bedienen, wird dann auch noch von der Softwareindustrie unterstützt, wenn man etwa die Werbung liest:

> *EXCEL-TIPP: Aktuelles Alter kalkulieren lassen*
> Das Lebensalter einer Person lässt sich mit Microsofts Tabellenkalkulation Excel recht einfach *aus dem Geburtsdatum* bestimmen. Dazu springt man mit dem Cursor an die Position, wo ...

Ein Physiklehrer hat mir berichtet, dass an verantwortlicher Stelle schon diskutiert wurde, in deutschen Physik-Lehrplänen die Beschleunigung abzuschaffen. Also schnell für Nicht-Physiker (oder besser für alle, die's schon mal gehört aber wieder vergessen haben): Die Geschwindigkeit ist die Änderung des Ortes in der Zeit (z. B. um 50 km pro Stunde). Die Beschleunigung ist die Änderung der Geschwindigkeit in der Zeit (z. B. von 0 auf 100 km/h in 10 sec.). Also ist die Beschleunigung die Änderung einer Änderung. Und das (vgl. Rechtschreibung) ist für deutsche Schüler schon wieder mal zu schwierig. In Deutschland wird überlegt, die Beschleunigung abzuschaffen! Ein Vorhaben von schaudern machender metaphorischer Abgründigkeit. Denn das heißt nicht nur: es geht nichts mehr vorwärts. Das bedeutet: es geht alles ungebremst weiter den Bach runter! Den Schluss- und Höhepunkt dieser Auffassung von Bildung aber, den liefert dann wieder die deutsche Volkshochschule mit dem Kursangebot:

> *Wochenendseminar*
> SICHERES AUFTRETEN BEI VOLLKOMMENER AHNUNGS-
> LOSIGKEIT.

---

16  Man erfährt, dass etwa Gott die 10 Gebote erlassen hat. Aber ohne persönliche Haftung. Sog. „Transzendenz ohne Konsequenz".

Wenn das das Bildungsparadigma unserer politischen und wirtschaftlichen Elite ist, dann wundert einen nichts mehr.[17]

Aber jetzt habe ich so viel Böses über die Presse erzählt, dass ich zum Schluss auch etwas Nettes berichten muss. Einmal im Jahr, so zuverlässig wie die Benzinpreiserhöhung in den Osterferien, taucht nämlich in allen deutschen Zeitungen tatsächlich die Mathematik auf. Und dann nicht die gemeine, sondern gleich die höhere Mathematik. Nämlich immer ungefähr vier Wochen vor Ende der Bundesligasaison. Da steht dann regelmäßig in der Zeitung: die Frage, wer denn jetzt Meister wird oder eben nicht Meister wird, oder absteigt oder gerade noch nicht absteigt, diese Frage sei wieder mal die pure höhere Mathematik. Oder – einige Journalisten erinnern sich, dass sie mal gelernt haben, man solle abstrakte Dinge verdinglichen – und die schreiben dann z. B.: „Jetzt werden wieder die Rechenschieber gezückt!". Hier etwa ist so eine typische Meldung:

> *Rechenschieber-Finale in Leverkusengruppe*
> Das wird ein echtes Endspiel! Der Bayer-Manager kann
> schon mal den Rechenschieber auspacken. Gewinnt Lever-
> kusen, heißt das sogar Gruppen-Sieg!

(Ich vermute mal: Leverkusen ist seinerzeit deswegen immer nur Zweiter geworden, weil Calli[18] immer mit dem Rechenschieber ausgerechnet hat, wie viel Tore seine Jungs noch schießen müssen.) Aber – die Journalisten haben recht! Der Rechenschieber *ist* ein Stück höhere Mathematik zum Anfassen. Wenn Sie etwa bei Ihrem Rechenschieber[19]

---

17  Es gibt einige, die diesen Kurs mit Bravour abgeschlossen haben müssen. Dieser Kurs wurde übrigens von einer niedersächsischen Volkshochschule angeboten.

18  Den Präsidenten Calmund gibt es nicht mehr. Der Rechenschieber aber taucht jedes Jahr wieder auf. Eine der großen deutschen Tageszeitungen hat dem Rechenschieber jetzt auch noch die Ermittlung der Rangfolge bei der Formel-1-Weltmeisterschaft erschlossen.

19  Auf der Bühne feierlich einen alten Aristo-Schul-Rechenschieber aus dem Etui holen und dem Publikum präsentieren, mit der Aufforderung: Betrachten Sie dieses Gerät mit Ehrfurcht; es stammt aus dem vorigen Jahrhundert! (Der Rechenschieber als solcher ist ein früher analoger Computer und wurde 1622 erfunden.)

die Strecken zwei und zwei hintereinander schieben, dann können Sie hier tatsächlich eine Vier ablesen.

Also Heureka, wie der alte Grieche sagt, wenn er sich freut, der Rechenschieber ist eine phantastische Addiermaschine! Aber wenn sie jetzt z. B. mal, na, drei plus drei hintereinander schieben,

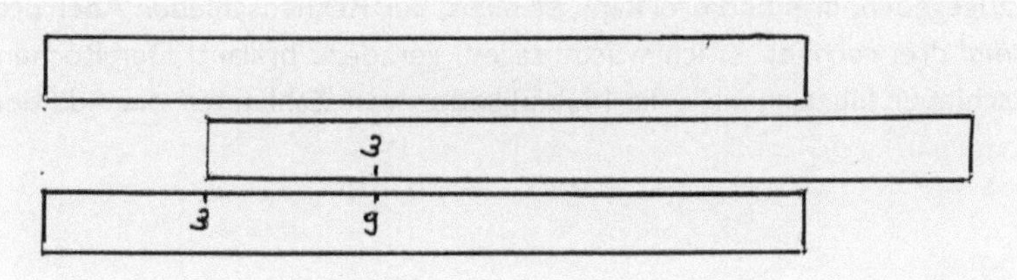

werden Sie mit Bestürzung feststellen: Holla, da kommt ja 9 heraus! Und ein schrecklicher Verdacht keimt in Ihnen auf. Sollte etwa die Zahl 2 die einzige Zahl $x$ sein, für die gilt $x + x = x \cdot x$?!? (Spätestens jetzt ist jedes Kabarettpublikum völlig verstört und starrt verunsichert und ängstlich, was jetzt noch an unverständlichen Formeln und ähnlichen Schrecknissen[20] auf sie zukommen könnte, auf die Bühne. Diese peinliche Situation versuche ich durch die folgende Bemerkung zu entspannen:) Offensichtlich sitzt kein Mathematiker im Publikum, sonst käme jetzt garantiert der Zwischenruf: „Mit Null ging's auch".

---

20  Die Formel kann noch so klar und verständlich sein – Formeln *sind* unverständlich und schrecklich.

(Mathematiker sind oft sehr kleinliche Menschen, die sich mit Vorliebe auf völlig absurde Randfälle stürzen, auf die ein normaler Mensch[21] erst gar nicht kommt!) Jedenfalls: Dass vorhin mit dem Rechenschieber $2 + 2 = 4$ herauskam, war vielleicht nur ein grausamer Zufall. Und wir stellen enttäuscht fest: der Rechenschieber taugt absolut nicht zum Addieren. Er zeigt penetrant falsch $3 + 3 = 9$ an und wurde deswegen völlig zu Recht vom Taschenrechner verdrängt. Und tragischerweise ist die ganz Mathematik, die man beim Fußball braucht, das Addieren von Toren und Punkten.[22] Insofern ist der Rechenschieber bei der Berechnung des aktuellen Tabellenstandes nicht nur nicht besonders hilfreich, sondern geradezu grottenfalsch.

Aber, ich merke gerade, in einigen von Ihnen nagt jetzt doch noch die Frage: ja wozu wurde er dann eigentlich erfunden, dieser blöde Rechenschieber, wenn er nicht mal drei und drei rechnen kann? Also zugegeben, drei und drei kann er nicht, der Rechenschieber. Aber drei *mal* drei rechnet er, ich würde sagen, geradezu brillant! Der Rechenschieber führt nämlich die Multiplikation von Zahlen auf die Addition

---

21  Für normale Menschen (falls ein normaler Mensch in diesem Buch bis hierher vorgedrungen ist): $2 + 2 = 4$ und $2 \cdot 2 = 4$, also gilt $2 + 2 = 2 \cdot 2$. Und da $0 + 0 = 0$ und auch $0 \cdot 0 = 0$, gilt also $0 + 0 = 0 \cdot 0$. Kurz zusammengefasst: „Mit 0 ging's auch!"

22  Natürlich kann man Tore und Punkte auch multiplizieren. Das geht auch. In der Mathematik geht immer alles! Das ergäbe jedenfalls auch eine Tabelle. Allerdings eine etwas drastische. Wenn etwa eine Mannschaft (o. B. d. A. der FC Bayern) alle Spiele gewinnt, hat sie am Ende $3^{34}$ Punke. (Wahnsinn!) Aber wenn man auch nur ein Mal verliert ($\times 0$) hat man am Ende gar nix. Deswegen addieren Fußballer ihre Punkte lieber.
*Übungsaufgabe:* Liefert eine multiplikative Tabelle am Ende der Saison dieselbe Reihenfolge (vornehm: ist die Gerechtigkeit invariant gegen den Operator), wenn vor dem 1. Spieltag jede Mannschaft 1 Punkt als Startkapital bekommt und dann wie folgt verfahren wird: Gewonnen: $\times 3$, Unentschieden: $\times 2$, Verloren: $\times 1$? Schöner wäre natürlich: Gewonnen: $\times 2$, Unentschieden: $\times 1$, Verloren: $\times \frac{1}{2}$. Kommt *hier* dieselbe Reihenfolge heraus wie bei der üblichen Punktevergabe? Man könnte übrigens auch noch die Tore ... hier bahnt sich eine komplette neue Theorie an! (Falls tatsächlich jemand diese beiden Fragen beantworten sollte: Vorsicht, so ganz trivial ist die Sache auch wieder nicht.)

von Strecken zurück. Und das geht, weil die Striche beim Rechenschieber nicht wie beim Zollstock gleichmäßig angeordnet sind: (Zeigefinger
malt in der Luft Bögelchen und dazu sprechen)



sondern logarithmisch:



Tut mir leid! Das *muss* man jetzt nicht verstanden haben. Aber einfacher
kann man's auf die Schnelle nicht erklären. Nur, wenn Sie in Ihrer Wohnung mal was ausmessen müssen: Bitte nicht mit dem Rechenschieber!
Nicht mit dem Rechenschieber!! Ist gaaaanz falsch!!!

# 4
# Strenge Polygamie
# *oder*
# Über schöne und
# weniger schöne Musik

Kapitel I, der Warm-up am Klavier, begann ja mit Bachs Präludium Nr. I (BWV 846, wie Sie sich sicherlich erinnern). Und die Mitdenker unter Ihnen, die fragen sich jetzt - was? NICHTS?! – Sie *sollten* sich jetzt jedenfalls fragen,[1] mit Hoffen und Bangen: Präludium? Vorspiel? Um Himmels Willen, ja kommt denn da noch was? Und Sie hoffen und bangen zu Recht. Kein Vorspiel ohne Nachspiel,[2] keine Vorspeise ohne Hauptgang. Und bei Bach? Kein Präludium ohne – Fuge.

---

[1]   Wenn man die Frage „Was fragen Sie sich jetzt?" unvermittelt an einen Kabarett-gast in der ersten Reihe richtet, ist die übliche Reaktion eine Art Schreckstarre, die man durch ein fröhlich-vorwurfsvolles „Was, Sie denken hier nicht mit?!" i. a. in allgemeiner Heiterkeit auflösen kann. Die schönste und cleverste, weil jegliche in-haltliche Erwägungen elegant abwürgende Antwort auf meine inquisitorische Frage „Was fragen Sie sich jetzt?" war bisher: (unsicher) „Äh – ich frage mich jetzt – äh" (triumphierend) „ich frage mich jetzt, wie wird's jetzt wohl weiter gehen?" Kabarett wird erst mit gutem Publikum wirklich gut.

[2]   Das wollen wir jedenfalls und ganz allgemein so hoffen. Die Romantik hat jedoch aus dem Präludium das Prelude gemacht, das tatsächlich für sich alleine steht. (Am berühmtesten wohl Rachmaninoff, cis-moll: molto bombastico Ding-Dang-Dong!) Barocke Kraftnaturen werden das als Zeichen von Schwäche und Dekadenz inter-

Nun, das Präludium Nr. 1 kennt praktisch jeder. (Vielen Dank an Frau Dr. Antje-Katrin Kühnemann! Sie sehen: Fernsehen bildet!) Aber die dazugehörige Fuge Nr. 1 (immer noch BWV 846) ist einfach: signifikant unbekannt.[3] Selbst der klassische Musikliebhaber („der klassische Musikliebhaber" – ist das jetzt der klassische Liebhaber von Musik an sich und überhaupt oder nur speziell der Liebhaber von *klassischer* Musik? Das ist sprachlich nicht eindeutig. So ähnlich wie der berühmte gedörrte Obsthändler. Oder das erneuerbare Energiengesetz.[4] Also noch mal.) Selbst der klassische Liebhaber von klassischer Musik (jetzt ist es eindeutig) findet Mozart einfach göttlich, Schubert einfach himmlisch, Bruckner irgendwie kosmisch, Stockhausen (das traut man sich nicht zu sagen, denkt man sich aber mitunter ganz vorsichtig) irgendwie komisch,[5] meidet aber öffentliche Darbietungen mit Fugen i. b. und Polyphonie i. a.

Und wenn man sich einmal in so ein Konzert verirrt … man geht nichts Böses ahnend in sein Abo-Konzert, und der unselige Pianist spielt erst das Wohltemperierte Klavier Band I (das dauert), dann

---

pretieren. Wir Spätgeborenen erkennen darin das tiefe Wissen um die Hinfälligkeit allen menschlichen Strebens. Man kann aber auch ganz nüchtern sagen: Vorfreude ist die schönste Freude.

3 Auf der Kabarettbühne *könnte* man auch etwas deftiger sagen: „Na – und die Fuge?! Sehn'se! Kennt wieder kein Schwein!" (Sowas geht aber *nur* auf der Bühne, nicht in einem Buch.) Die Fuge ist sozusagen das dicke Ende des Präludiums. Für den Hörer. Und den Pianisten!

4 Vermutlich muss dieses Gesetz ganz oft erneuert werden. Eigenwillig ist auch „der plastische Chirurg". Wenn man dem „plastischen Chirurgen" die Hand gibt … ist ja ekelhaft!

5 Auch das ein finsterer reaktionärer Scherz. Über die Gesamtschule und Stockhausen darf man keine Witze machen! Aber haben Sie sein letztes Streichquartett mitbekommen? Das war für 4 Streicher (no na, was sonst) *aber* die saßen nicht nebeneinander auf einer Bühne, sondern einzeln in je einem von 4 Hubschraubern und kommunizierten (oder auch nicht) über Funk! (Und es gibt Stellen in Streichquartetten, da ist bereits über die Distanz von lumpigen 90 cm die Kommunikation zwischen 2ter Geige und Bratsche ein echtes Problem!) Die Uraufführung wurde natürlich auf allen wichtigen Sendern übertragen. Sehr interessant! (Gebräuchliche Umschreibung für: „Der Knaller war's nicht gerade.") Aber wenn etwas bei den Salzburger Festspielen uraufgeführt *und* von Red Bull gesponsert wird, *muss* es einfach gut sein.

macht er 10 Minuten Pause, dann kommt Band II (dauert auch) und wenn man dann ein bisschen zu lange klatscht, gibt's als Zugabe noch die Goldbergvariationen! Jedenfalls, wenn man sich in solch ein Konzert verirrt, ist das immer ein bisschen wie bei einem Treffen der Tupperware-Gemeinde München-Untergiesing, bei einem Elternabend der lokalen Waldorfschule (oder des Waldkinderkindergartens) oder bei einem Unterbezirksparteitagstreffen der PDS Oberbayern in Altötting, Miesbach oder Tuntenhausen. Kurz, man ist unter sich. (Außerdem sind solche Konzerte oft in Kirchen und Gemeindesälen. Stühle und Bänke ungepolstert. Als ob die Musik nicht schon hart genug wäre!)

Apropos Polyphonie – bitte nicht verwechseln mit Polygamie. Ist alles schon vorgekommen! Aus einer Konzertkritik (*kein* Provinzblatt): „Bei diesem Stück handelt es sich um eine geniale Synthese aus ungestümem Individualismus und strenger Polygamie." Zu diesem rundum erfüllten Sexualleben – ungestümer Individualismus *und* strenge Polygamie! – kann man nur neidlos gratulieren.[6]

Strenge Poly*phonie*, um wieder zum spröden Thema zurückzufinden, bedeutet: mindestens immer 2 Stimmen. Diese Definition hört sich klar und einfach an. Ist es aber nicht. So gibt es einen Haufen Klaviermusik aus dem 18. Jahrhundert, da spielt die rechte Hand irgendwas ganz unbedeutendes, etwa

CD #7

während die linke Hand etwas ganz Zauberhaftes spielen darf. Und zwar seitenlang!

---

6 Strenge Monogamie heißt ja: höchstens ab und zu mal eine. Dann bedeutet strenge Polygamie, logischerweise: mindestens immer 2. (Die Betonung liegt auf „mindestens".)

CD #8

Dieses Nudel-Nudel nennt man, nach seinem Erfinder, Alberti-Bass. Alberti[7] war der Dieter Bohlen des 18. Jahrhunderts. Der Alberti-Bass des 19. Jahrhunderts war dann das Arpeggio (von Arpa – die Harfe): Akkorde, Ton für Ton, erst rauf, dann runter – wie bei einer Harfe, wie etwa in dem folgenden typischen Stück aus dem frühen 19. Jahrhundert:

CD #9

Dieses Stück muss so ca. um 1830 entstanden sein.[8]

---

7    Alberti, Domenico, (1717–1740), Italienischer Komponist, Erfinder des ～-Basses. Das Rückgrat des Musikgeschäftes waren früher keine kreischenden, CDs-kaufenden bzw. Musik-vom-PC-daunladenden Teenies, sondern klavierspielende höhere Töchter (adelig und bürgerlich), die oft erstaunlich musikalisch waren (etwa Frl. Ployer, Frl. Keglevics, Frl. Koller; vgl. Mozart KV 449, Beethoven op. 7, Schubert op. 120) – aber eben nicht immer. Der Alberti-Bass machte allen das Leben etwas leichter: den Klavierspielern, den Zuhörern und nicht zuletzt den Komponisten.

8    Dieses Stück ist das Paradestück des sehr späten Vertreters der franz. Salon-Musik, R. Clayderman. Claydermann, Richard François Albert, 1977–79, trug seinen Namen zu Recht. Dieses Stück ist das Kernrepertoire zahlreicher sog. Berieselungsanlagen (das heißt so) in Supermärkten, Kaufhäusern und Restaurants. In der Gastronomie werden bei der musikalischen Berieselung auch gerne die Toiletten mitbeschallt. In der gehobenen Gastronomie wird dabei für die gehobene Klientel natürlich Klassik benutzt. Wer sich jemals gerade breitbeinig vor einem Pissoir aufgebaut hat und … in diesem Moment setzt in voller Lautstärke Beethovens 5te ein, wird dieses Erlebnis nie vergessen. (Das mit der 5ten war jetzt rhetorisch zugespitzt. Aber mit der Eroica, die ja auch sehr erhebend ist, ist mir das in einem Kölner Spitzenrestaurant tatsächlich passiert.)

Bei beiden Beispielen denkt man zunächst ganz naiv: die linke Hand spielt etwas, die rechte Hand spielt auch etwas – also ist das zweistimmige Musik. Aber – nur was die rechte Hand jeweils spielte, ist eine echte Stimme. Ein Stimme ist nämlich ... nun, früher hätte man gesagt: etwas, das sich gut singen lässt (wie die Bezeichnung „Stimme" auch nahe legt). Diese Definition ist allerdings spätestens seit Wagners Götterdämmerung etwas problematisch. Deswegen sagen wir etwas vorsichtiger: eine Stimme ist eine in sich schlüssige musikalische Entität.[9]

Und was die linke Hand hier spielte, war nur eine Art wohliges Hintergrundgeräusch (in der Popmusik sagt man auch gerne „einen Geigenteppich drunterlegen"), kurz und gut: eine musikalisch relativ irrelevant-redundante Begleitung. („Redundant" kommt aus den Computer-Wissenschaften und bedeutet: ist eh klar. Und „relativ irrelevant-redundant" heißt dann: es ist eh wurst, weil's eh klar ist.) Ein versierter Pianist erledigt deswegen bei Bedarf Melodie und Begleitung mit *einer* Hand, sozusagen mit links:

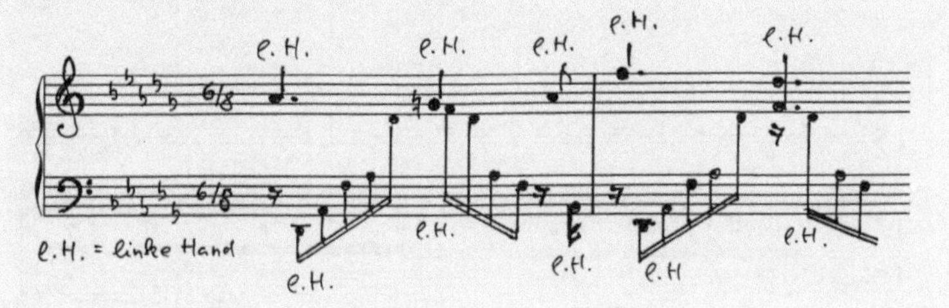


CD #10

Das funktioniert wirklich mit einer Hand allein. Die Melodietöne werden nur angeschlagen, wenn die Begleitung gerade eine kleine Pause einlegt oder sich in der Nähe der Melodienoten tummelt.[10] Ist gar nicht so schwer. Wirkt aber kolossal![11]

---

9    „Entität" klingt immer gut und ist nie ganz falsch.

10   Multitasking mit time-sharing bzw. parallel-processing.

11   Es gibt einen Kriminalroman, in dem die Ehefrau eines Pianisten erschossen wird.

Das ist das eine Extrem: eine Hand macht Alles. Das andere Extrem ist: beide Hände spielen das Arpeggio.

CD #11

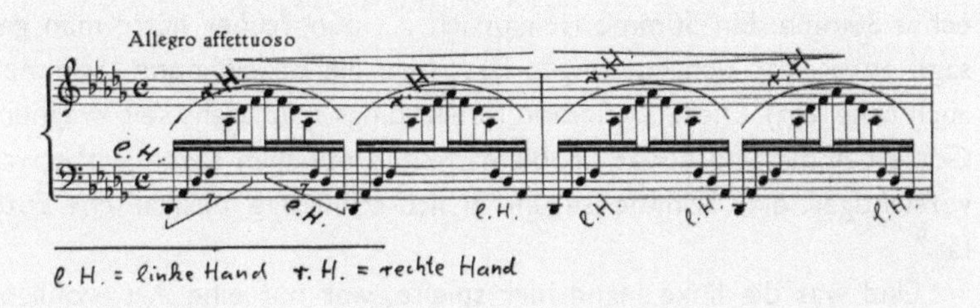


Da kann man dann so richtig schön in den Tasten wühlen! Allerdings stellt sich dann relativ bald (spätestens nach ca. 8 Takten) die Frage: wie, um Himmels Willen, kriegt man jetzt da noch eine Melodie dazu?

Und diese Frage ist einer der Ansatzpunkte für die virtuose Klaviermusik des 19. Jahrhunderts. Es gibt hier Lösungsstrategien auf verschiedenen Levels. Am einfachsten (Virtuosität für die Economy-Class): das schlichte Übergreifen der Hände

CD #12

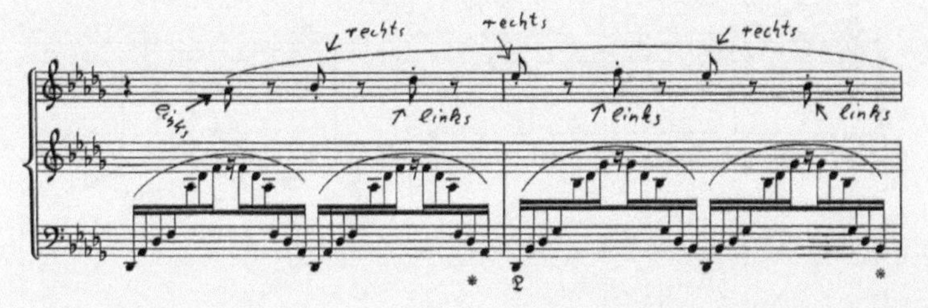


Schon etwas raffinierter (Virtuosität für die Business-Class): die Melodie wird in die Tenorlage verlegt (die ja angeblich besonders sinnlich

---

Alle Nachbarn beschwören, der Pianist habe, während der Schuss fiel, ganz wunderbar Klavier gespielt. Frage: a) was hat er gespielt? b) wer war der Mörder? Richtig. Und dieses geniale Stück ist das Prelude aus op. 9 von Alexander Skrjabin.

sein soll[12]) und immer abwechselnd mit dem linken Daumen (der ja
bekanntlich rechts sitzt) und dem rechten Daumen (der ja bekanntlich links sitzt) gespielt. Die restlichen 8 Finger können immer noch
erstaunlich viel Krach drum herum erzeugen:

CD #13

Noch effektvoller ist es (First-Class-Virtuosität), die Melodie wieder in
die Sopranlage zu verlegen – mit Verdoppelung der Melodienoten. Die
linke Hand (l. H.) macht beim Übergreifen nicht nur mit dem Mittelfinger Plim sondern gleich darauf noch mit dem Zeigefinger eine Oktave
höher plim!

---

12  Frauen lieben den Tenor und das Cello. Erstaunlicherweise gibt es viele schöne
    Witze über Tenöre, aber keine über Cellisten! Der Tenor der Streicher ist die
    Bratsche. (bzw. die Bratsche unter den Sängern ist der Tenor.)

CD #14

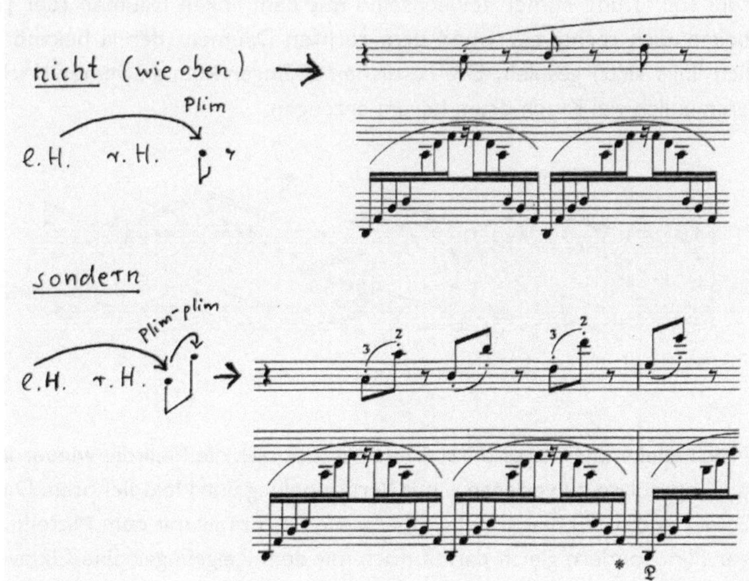


Mit diesem zweiten plim kommt dann wirkliche, elektrisierende Brillanz auf. Allerdings nur, wenn man trifft. Wenn man *nicht* trifft, ist es einfach peinlich.[13]

Aber selbst das lässt sich noch toppen! Wir verlegen die Melodie wieder in die Tenorlage, allerdings jetzt in Oktaven (Klangfarbe: Posaunen). Die Rechte galoppiert derweilen die halbe Tastatur rauf und runter, teilweise in Doppelgriffen. Und die Linke lässt zwischen zwei

---

13 Diese Stelle erfordert vom Pianisten Mut. Wenn die linke Hand mit unübersehbarer großer Geste weit übergreift, erst die Melodienote („Plim") korrekt vorgibt und dann bei der erwarteten Wiederholung desselben Tons eine Oktave höher und entsprechend schriller („plim") daneben langt – dann registriert das auch noch der unmusikalischste Hörer. In der Hinsicht sind Fugen pianistenfreundlicher. Bei dem dichten Gewusel, eng beisammen in der Mittellage, wird ein falscher Ton nicht unbedingt von allen bemerkt, schmeißt aber dafür den Klavierspieler gnadenlos aus seinem kunstvollen Fugen-Fingersatz raus. So hat jede Gattung ihre Vor- und Nachteile.

Melodie-Oktaven noch volle Akkorde tief im Bass dröhnen. Also mehr Krach kann man mit 10 Fingern nicht erzeugen[14] (Virtuosität für die Senator-Lounge):

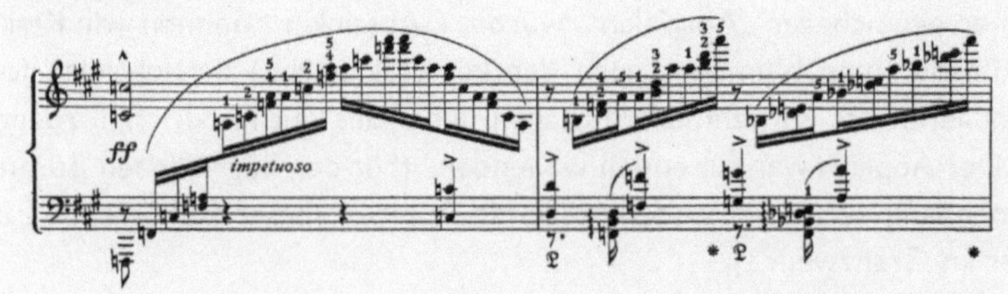

CD #15

Ich hoffe, Sie sind jetzt beeindruckt. Wenigstens ein bisschen. Aber auch wenn in diesen vier Beispielen ein relativ hoher pianistischer Aktivitätsquotient ([Anschläge $\times$ sec$^{-1}$] vgl. Fußnote 14) geboten wurde – rein musikalisch handelte es sich hier durchweg um nur *eine* richtige Stimme (auch wenn die Melodie raffiniert auf die zwei Hände verteilt wird) und eine (wenn auch ziemlich aufgebrezelte) relativ irrelevant-redundante Begleitung.

Und jetzt möchte man meinen: wenn man auf solchen pianistischen Firlefanz verzichtet und den Leuten stattdessen *echte* zweistimmige

---

14  Das war nur rhetorisch. Auch wenn Franz Liszt an dieser Stelle einen hohen pianistischen Aktivitätsquotienten erreicht (bei Schreibmaschinen-Schnellschreib-Wettbewerben maß man einmal in Anschlägen/min; hier ist es zweckdienlicher, in Anschlägen/sec zu messen) – es gibt Stücke von Liszt, da ist tatsächlich noch mehr los. Z. B. in „Mazeppa". Da ist sozusagen der Teufel los. „Mazeppa" ist die vierte der Etudes d'exécution transcendante. Dieser Titel ist eine Drohung. Und Liszt hält, was er verspricht! Aber als Rekordhalter bezüglich Anschläge/sec gilt nicht mehr Liszt. Lange Zeit war es Balakirew. Aber man sollte mal bei Prokofjew, Ravel und Reger nachzählen! Die 4 Beispiele für Arpeggio + Melodie stammen jedenfalls alle aus Liszts Konzertetüde „Il sospiro", die erfreulicherweise gar nicht so schwierig ist wie sie klingt und auch für Amateure mit Anstand bewältigbar ist. Das Übergreifen der Hände praktizierten übrigens schon Scarlatti und Bach. Und die phänomenale Daumenmelodie erfand Sigismund Thalberg (ein Kollege von Liszt), der seine arpeggienumrauschten Daumenmelodien allerdings so häufig verwandte, dass er in der angelsächsischen Literatur auch einfach „Old Arpeggio" genannt wird. Dass Franz Liszt bei den Indianern „Rollender Donner" geheißen haben soll, ist nicht mehr nachweisbar und würde Liszt auch nur zur Hälfte gerecht.

Musik bietet,[15] seien die Leute dankbar. Aber von wegen! Bei meinen 33 Variationen über Happy Birthday im Stile verschiedener Komponisten habe ich früher immer mit der Bach-Variation begonnen, gefolgt von der Mozart-Variation. Was dazu geführt hat, dass die erste Nummer ein sicherer „Abstinker" wurde. („Abstinker" nennen wir Kleinkünstler eine Nummer, nach der keiner klatscht.) Schauspieler formulieren das vornehmer und sagen (jedenfalls seit Friedrich Torberg): „Der Applaus war ein enden wollender." (Für den begrifflichen Zusammenhang: wenn der enden wollende Applaus immer früher endet, ist er im Grenzwert $t_n \to 0$

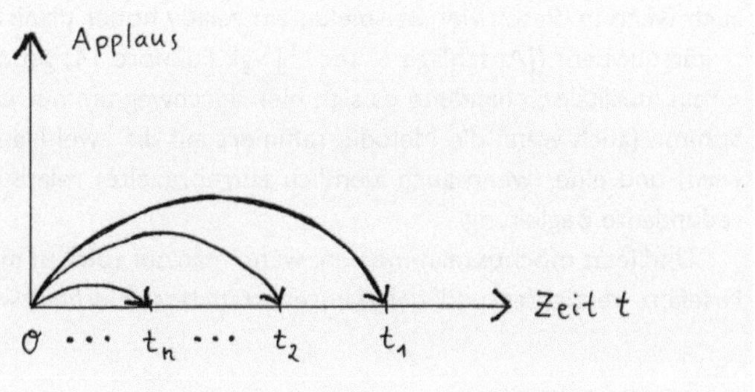


ein Abstinker.) Bis mir ein erfahrener Veranstalter gesagt hat: „Junge, du darfst die Leute nicht gleich mit der ersten Nummer überfordern. Heb dir das für die letzte Zugabe auf." Seitdem habe ich immer mit der Mozart-Variation angefangen. Und seitdem war das Programm ein Renner beim Publikum. Vergleichen Sie selbst! Happy Birthday a la Bach ...

---

15  Sozusagen: „Mit 100 % mehr Musik drin für's selbe Geld!" Betr. „100 % mehr" vgl. auch Kapitel 3.

... und jetzt a la Mozart:

Sehen Sie! Kaum hören die Leute 8 Takte Alberti-Bässe – schon sind sie glücklich. Und deswegen habe ich beschlossen, ich mache *ein* Mal in meinem Leben ein Kabarett-Programm, in dem ich die Leute nur mit echter mehrstimmiger Musik verwöhne. Dieses ist ja vielleicht mein letztes Programm (oder Buch). Denn unsere Kinder kommen demnächst auf's Gymnasium. Das bedeutet, dass ein Elternteil sich voll in seinen Job reinkniet, damit er die Kohle anschleppt, die man braucht, damit sich die Kinder für's Gymnasium die Klamotten kaufen können, die sich Gymnasiasten kaufen müssen, damit sie von den anderen Kindern am Gymnasium nicht gemobbt werden. Und der andere Elternteil (das bin wohl ich) muss seinen Beruf aufgeben, damit er vormittags das an Latein und Algebra büffeln kann, was er braucht, damit er nachmittags die Hausaufgaben betreuen kann. So sieht's doch aus, wenn man heute seine Kinder in Deutschland auf's Gymnasium schickt!

Also, ab jetzt: nur noch polyphone Musik. Jetzt ist Schluss mit lustig am Klavier! Damit wirken wir auch im Sinne von PISA. Denn polyphone Musik erfordert aktives Hören und strafft die erschlaffte Großhirnrinde. Und dass klassische Musik und Intelligenz irgendwie zusammenhängen, hat sich ja mittlerweile allgemein rumgesprochen. Weswegen heutzutage Heerscharen von schwangeren Frauen (die manchmal Mozart nicht von Wagner unterscheiden können) 9 Monate lang täglich von morgens bis abends Klassik-CDs abspielen. Nur damit das Kleine in 20 Jahren einen Studienplatz abkriegt![16]

---

16    Macht man tatsächlich so. Diese Taktik schwappte, wie so vieles, vor 3, 4 Jahren aus den gebildeten Ständen Amerikas zu den bildungswilligen Ständen bei uns herüber und sollte in Schwangerschaftskursen standardmäßig propagiert werden. (Bei Glenn Gould hat's ja seinerzeit mit Live-Musik – Mutter spielte fortwährend Bach – anscheinend gut geholfen.) Da $4 < 6$ kann der Erfolg dieser Maßnahme in Deutschland leider noch nicht gemessen werden. Aber wir sind guter Hoffnung! (6 ist das Einschulungsalter in Deutschland. Meistens aber eher 7.)

# 5
# Mathematik in erster Näherung
## *oder*
# Lob der Leichtigkeit

So allmählich können wir nicht mehr noch länger um die Sache drum herumreden (mit Hilfe von allgemeinen oder auch speziellen Betrachtungen über die Mathematik in den Medien etc. etc.), so allmählich müssen wir uns nun doch auch ein Mal der Sache selbst annähern. Also![1] WAS IST MATHEMATIK? Aber keine Panik, das ist hier ein Satire-Bändchen. Und deswegen betrachten wir erst mal ein paar Mathematik-Witze. Und zwar keine Witze für Mathematiker (das erforderte zu spezielles Handwerkszeug[2]), sondern Mathematik-Witze für normale Menschen.

Den ersten fand ich (im FOCUS) im Rahmen einer europaweiten Umfrage, worüber man denn in Europa so lacht. Den Lieblingswitz der

---

[1]  Dieses Ausrufezeichen signalisiert eine Art innerliches Sich-Räuspern, um sich auf bedeutende Dinge einzustimmen.

[2]  Ein berühmter (und wunderschöner) Mathematiker-Witz beginnt etwa mit den leichthin hingeworfenen Worten: „Sei $\Phi(\zeta)$ (sprich: Fivonzeta) eine löwenwertige Funktion auf der Wüste $\mathbb{C}$." Sehen Sie! Solch einen Witz finden Nicht-Mathematiker nicht lustig. Höchstens komisch. Und das bringt hier nichts.

Deutschen erzähl ich hier lieber nicht.[3] Aber der Lieblingswitz der Belgier ist absolut jugendfrei und passt vor allem schön. Also, der Lieblingswitz der Belgier: „Was mathematische Begabung anlangt, gibt es drei Sorten von Menschen. Die einen können rechnen, die anderen nicht."

Tut mir leid, das war's schon! Aber *so* schlecht ist der Witz gar nicht. Er ist kurz. (Ist nicht notwendig, aber meist von Vorteil.) Man muss ein *ganz* klein bisschen nachdenken. Und er spielt selbstreferentiell mit seinem eigenen Text: 3 Sorten, die einen, die anderen ... Nicht schlecht!

Aber da kenn' ich einen noch viel schärferen! Kennen Sie den? „Hängt die Grünen, so lang es noch Bäume gibt!" Au weia![4]) Dieser Witz ist natürlich politisch *absolut* unkorrekt. (Darauf kommen wir noch. Versprochen!) Aber rein formal[5] ist dieser Witz geradezu stupend kurz, subversiv, geradezu genial selbst-referentiell und obendrein noch latent dekonstruktivistisch![6]

Jedenfalls: „Hängt die Grünen, so lang es noch Bäume gibt!" sagt nichts über die politische Gesinnung der Humorquelle (das bin ich, der Autor), sondern verunsichert die politische Befindlichkeit der Humorsenke (das sind Sie[7]), weil diese zugespitzte Formulierung der plumpen Verwünschung („hängt sie") via der Frage der physikalischen Realisierbarkeit (ja wo hängen wir sie denn, etwa an den Bäumen?) die logisti-

---

3　Nein – tut mir leid – nicht mal in der Fußnote! Ich habe nichts gegen leicht schlüpfrige Witze. Aber sie müssen schon lustig sein!

4　Dieser Witz erzeugt bei deutschem Kabarettpublikum eine schwere Schreckstarre, vergleichbar allenfalls der Schreckstarre, in die das Kabarettpublikum nach Einführung der Gleichung $x + x = x \cdot x$ zu fallen pflegt (vgl. Kap. 3).

5　Witze und die Mathematik funktionieren vorwiegend formal.

6　Stimmt wirklich. Aber, auch wenn's nicht so wäre, klänge das gut.

7　Das informationstheoretisch-kybernetische Modell des Kabaretts sieht so aus: Auf der Bühne sitzt eine Humorquelle $H_Q$, der Kabarettist. Im Saal, unten, das Publikum ist die Humorsenke $H_S$. Zwischen $H_Q$ und $H_S$ fließen nun Nachrichten, die bei $H_S$ gewisse Zustandsübergänge bewirken. Manchmal auch nicht. Usw. usw. Solche wissenschaftlichen Modellbildungen lassen sich beliebig fein weiterspinnen, was oft sehr unterhaltsam ist, aber oft auch sehr wenig bringt.

sche Basis (die Bäume werden ja allmählich knapp, wir sagen nur: Waldsterben! Waldsterben!) plötzlich, sozusagen wie beim Hängen, unter den Füßen wegzieht, so dass die nur *scheinbar* geschmähten Grünen am Ende völlig recht haben. Ein politisch absolut korrekter Witz! Sag' ich doch. Man muss nur ein *bisschen* nachdenken.[8]

Das war jetzt natürlich noch keine Mathematik. Aber dass man bei einem Witz relativ kompliziert argumentieren ... übrigens: der älteste und kürzeste selbst-referentielle Witz der Welt geht so. Dazu muss man nur wissen: so wie für uns alle Italiener leidenschaftlich sind und alle Franzosen galant,[9] so galten im alten Griechenland alle Kreter als die geborenen Lügner.[10]

Also, der älteste und kürzeste selbstreferentielle Witz der Welt: Treffen sich zwei alte Griechen.[11] Sagt der eine alte Grieche zum anderen alten Griechen: „Ich bin Kreter."

---

8    Dieser Witz stand einmal in der Stadionzeitung des FC Bayern München als Lieblingswitz des (immer noch bewundernswert kreativen) Spielers Mehmet Scholl. Es gab damals einen mehrwöchigen Aufruhr in den Medien. Denn geschmacklose Witze dürfen nur Kabarettisten über die üblichen Verdächtigen machen (vgl. Kap. 2, Fußnote 21, d. h. seit die Grünen in der Regierung sitzen, kann man ja keine Witze mehr über die Bundeswehr machen. Früher, ja da waren Soldaten Mörder; jetzt sind das „unsere Jungs in Afghanistan".) Jedenfalls hat vermutlich nur der Umstand, dass Scholl auch Linksaußen spielte und mit Vornamen Mehmet heißt, ihn damals vor der sofortigen Ausweisung aus München bewahrt.

9    Ossia-Variante für Auftritte im bayerisch-österreichischen Grenzgebiet: „Und Österreicher, na sagen wir mal, intellektuell benachteiligt." (Kommt immer gut. Aber nur auf der bayerischen Seite der Grenze.)

10    Das ist natürlich eine unstatthafte Verallgemeinerung (In der Antike war man da nicht zimperlich). *Wir* versichern hiermit, dass selbstverständlich nicht alle Kreter Lügner sind. Kennen Sie die Geschichte von dem Bauern, der im Wirtshaus lauthals verkündet, die Hälfe des Gemeinderats seien Idioten, daraufhin gezwungen wird, zu widerrufen und in der Zeitung verkündet, er widerrufe seine Behauptung und stelle hiermit fest, die Hälfte des Gemeinderats seien keine Idioten!?

11    Am schönsten an diesem Witz ist eigentlich der Anfang, die Selbstverständlichkeit mit der die Allerweltsstandardwitzeröffnung „Sieht ein Mann eine Frau", „Geht ein Mann zum Arzt", „Treffen sich der Tünnes und der Schäl" auf Gesittung und Personal des Perikleischen Zeitalters erweitert wird. Also, treffen sich zwei alte Griechen.

*Ist* das *[leichtes Schenkelklatschen]* ein guter Witz?! . . . oder . . . noch nicht verstanden? Passen Sie auf! Ist der, der sagt, er sei Kreter, wirklich ein Kreter, dann – alle Kreter lügen – war das natürlich gelogen und der Kreter ist kein Kreter. Ist der Kreter aber kein Kreter, ist die Behauptung, er sei Kreter, natürlich erst recht gelogen! Also, was immer der gute Mann sagt, es ist scheints gelogen . . . finden Sie immer noch nicht lustig? Tut mir leid, die alten Griechen *fanden* so was lustig. Aber die alten Griechen waren sowieso etwas seltsam und haben deswegen vermutlich auch die Mathematik erfunden.

Aber der nächste Witz wird Ihnen wirklich gefallen! Den erzählen Mathematiker immer gerne auf Partys, vor allem, wenn gerade eine attraktive Frau in der Nähe herumsteht, in der Hoffnung, hinterher als zwar leicht skurril, aber irgendwie doch auch als wahnsinnig interessant bestaunt, und vielleicht auch mal von einer attraktiven Frau abgeschleppt zu werden. Klappt aber nie. Hab's oft versucht. Die attraktiven Frauen schauen einen nur völlig verstört an und denken sich: „Mein Gott, Mathematiker sind ja *noch* seltsamer als ich dachte!" Aber, ich versuch's trotzdem wieder mal.

Also! Ein Soziologe, ein Ingenieur und ein Mathematiker sitzen im Zug von Zürich nach München. Irgendwo zwischen Lindau und Kempten schaut der Soziologe zum Fenster raus, sieht eine Kuh auf der Weide und meint: „Ah, im Allgäu sind die Kühe braun." Schaut der Ingenieur auch raus und sagt. „Na ja, man könnte sagen, im Allgäu gibt's auch braune Kühe." Schaut schließlich der Mathematiker raus (Mathematiker brauchen immer etwas länger), sieht immer noch dieselbe Kuh auf der Weide (ein Hinweis darauf, dass der Zug nicht allzuschnell unterwegs sein konnte, was die Authentizität dieser Geschichte nur unterstreicht[12]) und meint: „Alles was wir wirklich wissen ist: Im Allgäu gibt es *mindestens* eine Kuh, die auf *mindestens* einer Seite braun ist." (Finden Sie mich jetzt interessant? Nicht? Na dann warten Sie mal das übernächste Kapitel ab!)

---

12    EC 193 Zürich ab 9.33 München an 14.01.

So, und jetzt zum guten Ende kein Witz mehr, aber dafür eine lustige Geschichte. Es war einmal ein großer Mathematiker, vielleicht der Größte, den es jemals gab (er landete in der vom ZDF ermittelten Liste der 100 Großen Deutschen („Unsere Besten") zwar knapp hinter Beate Uhse auf Platz 87 aber doch deutlich vor James Last auf Platz 99): Carl Friedrich Gauß[13] , geboren 1777[14] in Braunschweig, der Stadt des Jägermeisters,[15] übrigens als Sohn eines armen Gartenarbeiters und Maurers. Erstaunlicherweise muss das mit der Talentfrüherkennung damals, in Zeiten finstersten Feudalismus', schon ganz gut geklappt haben. Denn mit 15 studierte der arme Maurerbub bereits am Collegium Carolinum, und mit 23 wurde er in die Petersburger Akademie berufen.[16]

Aber bis zu seinem neunten Lebensjahr war der kleine Carl ein ganz normaler Volksschüler, wie die anderen 99 in seiner Volksschule auch. Während einer Schulstunde muss der Herr Lehrer aus irgend einem

---

13 Mathematiker werden beim Stichwort „lustige Geschichte mit Gauß" nur müde abwinken. Diese Geschichte kennt jeder. Jeder Mathematiker. Und als ich dieses Programm vor einem sympathischen, gebildeten und intelligenten Testpublikum von Nicht-Mathematikern ausprobierte (es gibt auch unter Nicht-Mathematikern sympathische, gebildete, intelligente Menschen), glaubte ich auch, dass mindestens die Hälfte diese berühmte Geschichte in einem populärwissenschaftlichen Mathematikbuch oder in einer Gauß-Biographie gelesen haben muss. Aber kein einziger kannte sie! Nicht-Mathematiker scheinen einfach, sogar wenn sie sympathisch, gebildet und intelligent sind, keine populärwissenschaftlichen Mathematikbücher und Gauß-Biographien zu lesen! Und weil's kein schlagenderes Beispiel für den Einstieg gibt, *muss* diese Geschichte hier für sympathische, gebildete, intelligente Leser, die nicht Mathematiker sind, erzählt werden. (Von dieser Geschichte sind mehrere Lesarten im Umlauf; sekundäre technische Details habe ich didaktisch-dramaturgisch zugespitzt.)

14 Primzahl? (Bevor Sie sich die Finger wund dividieren: 1777 *ist* eine Primzahl!)

15 Gelegentlicher Zwischenruf: „Falsch, Wolfenbüttel!" Aber Eintracht Braunschweig hat durch die erste deutsche Trikotwerbung den Jägermeister berühmt gemacht. Das muss Braunschweig jetzt zur Strafe aushalten. Im Übrigen sollte Wolfenbüttel es sich angelegen sein lassen, als Stadt Lessings zu reüssieren – und nicht als die Stadt des Jägermeisters.

16 Studenten bzw. Akademiemitglieder sind heute durchschnittlich älter. Aber „das 8-jährige Gymnasium" (in Bayern kurz G8 – nicht zu verwechseln mit GSG9) wird ja das deutsche Akademikertum durchschlagend verjüngen!

Grund für ein paar Minuten das Klassenzimmer verlassen,[17] und um die Bande ruhig zu halten, trägt er ihnen auf, bis er zurückkommt die Zahlen von 1 bis 100 zusammenzuzählen. Man sieht sofort: diese Geschichte *muss* mindestens 200 Jahre alt sein. Gehen Sie heute mal für 10 Minuten aus dem Klassenzimmer, nachdem Sie noch gesagt haben: „Liebe Kinder, ich muss mal kurz weg, zählt mal inzwischen die Zahlen von 1 bis 100 zusammen." Wissen Sie, wie das Klassenzimmer ausschaut, wenn Sie zurückkommen? Wissen Sie nicht? Sie haben keinen Umgang mit Schulkindern! Zwei Tische und vier Stühle sind umgeworfen, ein Vorhang heruntergerissen, drei Mädchen heulen, weil ihnen Buben von hinten Tinte in die Haare gespritzt haben, und zwei Buben wälzen sich prügelnd am Boden, von den Umstehenden nach Kräften angefeuert. Deswegen traut sich heute auch kein Lehrer mehr für ein paar Minuten aus dem Klassenzimmer zu gehen. Und so werden wir an unseren Schulen auch nie mehr mathematische Talente frühzeitig erkennen![18]

---

17  Sagen Sie jetzt nicht: „Hätte er das nicht in der Pause erledigen können?. Es fällt ohnehin so viel Unterricht aus!" Erstens waren damals die Verhältnisse in der Volksschule ungleich härter. Zweitens ist das für den mathematischen Nährwert dieser Geschichte absolut irrelevant.

18  Die Ursachen für das massenhaft auftretende burn-out-Syndrom unter Lehrern und den alltäglichen „Horror im Klassenzimmer" (vgl. diverse Titelgeschichten und Dossiers in Spiegel, Focus, Zeit und Welt am Sonntag) sind ein tief vermintes Gelände. Kabarettisten meiden aber das Betreten von Minen. Das Tabu-Brechen überlassen wir den Staatstheatern (vgl. Kap. 7). Kabarettisten bestätigen (affirmativ!) sämtliche Gegenwartstabus (Staatstheater bekämpfen mit bewundernswertem Mut und Engagement die Tabus unserer Großeltern), indem sie diese geschickt, wie Slalomstangen, umfahren. Bei hohem Tempo entsteht der Eindruck eines intellektuellen Wedelns. Hier nur soviel: Kanzler Schröder meinte in einer Wahlkampfrede die Lehrer als „faule Säcke" abkanzlern zu müssen. Ich habe ein halbes Jahr, als Milieustudie, an einer Münchner Realschule Musik und Mathematik unterrichtet. Und obwohl ich bei den Kids ein ziemlich gutes Standing hatte, kann ich Herrn Schröder nur versichern: Lieber Herr Bundeskanzler, zwei Doppelstunden (ganz gleich ob Mathematik oder Musik) an einer deutschen Realschule sind wesentlich anstrengender als ein kompletter SPD-Parteitag (sogar samt Putsch bei der Wahl des 1. Vorsitzenden), und ich kann jeden Lehrer, der entnervt das Handtuch schmeißt, verstehen. Setzen Schröder, sechs! (Und 100 Mal schreiben: Ich darf – nicht mal in Wahlkampfreden – die Lehrer nicht mehr „faule Säcke" schimpfen.)

Jedenfalls: der Herr Lehrer kommt nach einigen Minuten zurück, alle Kinder addieren gottergeben vor sich hin – alle? Nein, ein frecher kleiner neunjähriger Schüler sitzt mit verschränkten Armen auf seinem Platz, verweist, als ihn der Lehrer tadelnd anblickt, durch ein Nicken des Kopfes auf die Schiefertafel auf dem Lehrerpult und spricht die historischen Worte:

„Ligget se."[19] Der Lehrer nimmt die Tafel in die Hand, darauf steht eine einzige Zahl: das korrekte Ergebnis.

Und wie hat er's gemacht? Nun, Gauß hat's im Kopf gerechnet. Aber nachdem wir alle keine Wunderkinder sind (schon allein altersbedingt), machen wir das hier schriftlich. Gauß hat sich gedacht: wenn ich die Zahlen von 1 bis 100 zwei mal hinschreibe, von links nach rechts und dann drunter von rechts nach links

$$1 \quad 2 \quad 3 \quad 4 \quad \ldots \quad 98 \quad 99 \quad 100$$
$$100 \quad 99 \quad 98 \quad 97 \quad \ldots \quad 3 \quad 2 \quad 1$$

dann erhalte ich $1+100 = 101, 2+99 = 101, 3+98 = 101$ und so fort bis $100+1 = 101.$[20] Ich bekomme also 100 mal die 101. Das kann man gerade noch im Kopf rechnen: eine 101 mit zwei Nullen, macht 10100. Jetzt habe ich aber die Zahlen von 1 bis 100 zwei mal hingeschrieben und addiert. Erst paarweise, was 100 mal die 101 ergibt. Und dann die hundert Hunderteinser, was $100 \cdot 101 = 10100$ ergibt. Jedenfalls sind *ein* Mal die Zahlen von 1 bis 100 die Hälfte davon. Und die Hälfe von Zehntausendeinhundert ist – gerechter geht's nicht – fifty–fifty: 5050. Ergebnis auf die Tafel schreiben. Lehrer kommt. Lehrer staunt. Wir auch.

---

19 Braunschweigisch für „Da liegt sie."

20 Man kann sich davon durch schlichtes Hingucken auf die 2 Zeilen überzeugen. Oder, und das ist schon ziemlich mathematisch, man schaut sich nur die erste Spalte 1, 100 an und sagt: $1 + 100 = 101$, logo. Und jetzt kommt oben immer 1 dazu und dafür unten 1 weg. Also muss in den nächsten 99 Spalten auch immer 101 rauskommen (ohne noch mal hingucken zu müssen) – und das ist dann wirklich logo.

Also, wir kommen auf die große Frage am Anfang des Kapitels zurück: WAS IST MATHEMATIK? Sie sehen, meine Damen und Herren, Mathematik schwitzt nicht. Mathematik ist – und das ist die Antwort auf die große Frage: Was ist Mathematik? – Mathematik ist leicht. Leicht und prickelnd wie ein junger Riesling von der Mosel.

Und wenn Sie gerade ein Glas jungen Mosels auf Ihrem Tischchen stehen haben (wie ich im Vorwort bereits wohlweislich empfohlen habe), erheben Sie es und leeren Sie es feierlich auf das Wohl von Gaußens damaligem Lehrer, Herrn Schulmeister Büttner, der in der entscheidenden Minute seines Lebens nicht versagte (andernfalls Gauß vermutlich Gartenarbeiter oder Maurer geworden wäre), sondern das einzig Richtige tat: er kauft von *seinem* Geld[21] ein Lehrbuch der Mathematik und schenkt es dem Neunjährigen. Und als der es nach kürzester Zeit durch hat, erklärt er völlig uneitel, er könne ihm nichts mehr beibringen, und reicht ihn eine Etage höher.

Wenn Sie einmal staunen wollen, was ein Menschenhirn zu leisten vermag, lesen Sie eine Gauß-Biographie. Musikalisch scheint er aber nicht gewesen zu sein. Als man ihn einmal (mit Mühe) in ein Sinfoniekonzert schleppte, meinte er hinterher: „Na, und was beweist uns das?"[22] Die Wege des Genius sind wunderbar.

---

21 Volksschullehrer wurden damals nach BAT 39b bezahlt.

22 Diese Anekdote war dann wirklich der letzte Mathematik-Witz in diesem Kapitel.

# 6
# Polyphonie
# oder
# Freiheit, Gleichheit,
# Brüderlichkeit

Um die Wunder der Polyphonie zu erfahren, müssten wir jetzt (am Klavier, oder, noch stilechter, anhand der Partitur) Bachs Kunst der Fuge abarbeiten. Aber das will ich Ihnen nicht antun, mir auch nicht. (Und vor allem will ich das Bach nicht antun.) Aber es gibt da ein relativ einfaches (und kurzes: kurz ist immer gut) Stück von Bach (in Zeiten des Event-Konzertes könnte man es auch als „echt knackig" bezeichnen), das sozusagen in der Nussschale die ganzen Wunder der Polyphonie ahnen lässt.

Zunächst handelt es sich um ein ganz normales zweistimmiges Stück. (Sofern man ein zweistimmiges Stück überhaupt als normal bezeichnen kann.[1]) Eine schön dahinschreitende, später flott losmarschie-

---

[1] Wenn Sie Ihr Radio einschalten, wird Ihnen der automatische Suchlauf ca. 25 Programme liefern, die alle rund um die Uhr Musik dudeln. Die Wahrscheinlichkeit, dabei auf ein zweistimmiges (oder gar $n$-stimmiges, $n > 2$) Stück zu treffen, ist, selbst wenn Klassik-Radio empfangbar, nicht besonders groß. Insofern ist dieses Stück nicht normal. Aber innerhalb der (trotz alledem) *nicht* leeren Klasse aller zweistimmigen Stücke ist es – zunächst mal – ganz normal.

rende Basslinie und eine dazu schön kontrastierende, abwechslungs-
reich und fein bewegte Oberstimme. Das Ganze obendrein noch ziemlich groovy. (Groovy nennt man eine Musik, bei der auch gesetztere
Herrschaften wie ich in periodische konvulsivische Zuckungen zu fallen
pflegen.[2]) In unserem Fall klingt das etwa so:

CD #18

So groovy klingt ein ganz normales zweistimmiges Stück von Bach.[4]

Also noch mal: ein ganz normales zweistimmiges Stück, ein flotter
„walking Bass", die Oberstimme schön kontrastierend, das Ganze auch
noch leicht groovy – alles wunderbar. Aber! WAS tut Bach?! Er schummelt, und zwar völlig unnötigerweise – weil keiner hätt's vermisst[5] – er

---

2    Die Amplitude solcher Zuckungen reicht alters- und zeitstilbedingt von mittleren
Ganzkörperparoxysmen bis zu einem Tidenhub von 1,5 mm des großen Zehs des
rechten Fußes. Merke: je besser der groove, desto kleiner die Amplitude. Aber sie
ist vorhanden!

3    Man kann an Stelle der Original-Viertelpause bei Bach auch zwanglos mit dem Daumen und Mittelfinder der linken Hand (der ja Bach, damit man das auch wirklich
machen kann, gerade hier eine Viertelpause einräumt!) schnipsen. Noch cooler ist
es, sich das hier wirklich in der Luft liegende Schnipsen zu verkneifen und dafür
*innerlich* zu schnipsen. (Doch, das geht. Sog. „inneres Hören", vgl. auch Fußnote 2.)

4    Weswegen es etwas übertrieben ist, dass einige Pianisten, wenn sie Bach spielen,
noch einen Schlagzeuger mit auf die Bühne schleppen. Aber o.k., es schafft Arbeitsplätze.

5    Kenner, denen dieses Stück bekannt ist, (aber das sind bei normalem Publikum
oder gar vor Schülern *wirklich nicht* viele) haben die im Folgenden eingeführte mittlere Stimme natürlich schon längst vermisst. Aber diese dritte Stimme ist in jedem
Fall eine Überraschung. Für den nicht-vorbelasteten Hörer handelt es sich um eine sog. bottom-up-Überraschung: Was, zu diesem wunderschönen zweistimmigen
Stück passt ja noch eine dritte Stimme?! Und für den Kenner handelt es sich um eine
sog. top-down-Überraschung: Was, wenn ich die berühmte mittlere Stimme weg-

schummelt nach 12 Takten völlig unnötigerweise zwischen diese zwei schönen Stimmen noch eine dritte dazwischen. Und obendrein ist diese dritte Stimme nicht irgendwas Kunstvoll-Gedrechseltes, damit's halt irgendwie zu den beiden anderen Stimmen passt, sondern sie ist, zur allgemeinen Verblüffung, eine ganz berühmte Melodie! Na ja, nicht gerade der „Anton aus Tirol". Früher hießen die berühmten Melodien anders. Aber was heißt schon „berühmt" in Zeiten abreißender kultureller Traditionen. Auch das ein Grund für „Pisa". Wenn Sie an der Schule Texte etwa von Goethe, Thomas Mann oder sogar noch Brecht lesen (die alle drei wirklich nicht durch besonders christliches oder gar frömmelndes Gebaren auffielen), ist trotzdem eine gewisse Grundkenntnis der Bibel nötig.[6] Aber fragen Sie heute mal Schüler, warum wir eigentlich Ostern feiern. Wird Ihnen die Hälfte antworten,[7] Ostern sei eine Art Welt-Hasen-Tag, veranstaltet vom WWF[8] und gesponsert von Milka.

Aber 450 Jahre lang war das eine berühmte Melodie: der berühmte protestantische Choral „Wachet auf ruft uns die Sti-i-i-mme". Übrigens auch im angelsächsischen Raum verbreitet unter dem Titel „Sleepers wake!". Ich liebe die Konzisität der englischen Sprache. Im Deutschen: „Wachet auf ruft uns die Sti-i-i-mme." Auf Englisch: „Sleepers wake!".[9]

---

    lasse, kommt ja ein wunderschönes zweistimmiges Stück heraus?! Überraschung ist Überraschung.

6    Eine logisch schlüssige Reaktion darauf wäre natürlich: na, dann sollte man an den Schulen eben keine Texte mehr von Goethe, Mann und Brecht lesen. Nur in sich logisch schlüssig ist aber noch nicht notwendig richtig.

7    Falls überhaupt jemand antwortet: Das Problem ist heute nicht, ob ein allgemein anerkannter Bildungs-Kanon gut oder altmodisch ist. Das Problem ist, ob ein allgemein anerkannter Bildungs-Kanon überhaupt existiert.

8    Oder von der Unesco.

9    Falls Sie viel mit der Bahn fahren und nicht nur den ICE benutzen, kennen Sie vielleicht noch das schöne Schild: „Die Benutzung (wessen?) des Abortes (wann?) während des Aufenthaltes (wo?) auf den Bahnhöfen ist (was?) untersagt." Darunter auf Englisch: „Don't shit at stops." Das war ein bisschen übertrieben, aber so konzis ist englisch. Sehr erhellend auch der Vergleich dieser Anweisung auf Deutsch, Französisch, Italienisch und Englisch in Schweizer EC-Waggons (in denen dieses Schild tatsächlich noch nötig ist!). Für Sprach-Enthusiasten ein Erlebnis die Entzifferung

Aber natürlich kann ich diesen alten Choraltext hier, in einem Satire-Bändchen, nicht bringen. Kabarett muss aktuell sein. Und kritisch![10]) Am besten (beliebte einschlägige Wendungen aus deutschen Feuilletons): „gnadenlos kritisch", „schön gemein", „frech und aufmüpfig", „hinterhältig subversiv" oder „echt ätzend". Deswegen habe ich diesen alten Choraltext (damit wir hier auch mal richtig gutes Kabarett machen) ganz kritisch-aktuell[11] umgetextet:

> Wache auf du deutsches La-a-a-and
> (Also das war noch nicht besonders kritisch. Aber wird
> schon noch!)
> Da Bildung zi-iem-lich un-be-ka-a-a-a-annt
> (Das hingegen war schon ganz schön subversiv!)
> Da Euro und di-i-ie Hi-ir-ne weich
> (Das saß! Schön gemein!)
> Die Ma-a-the-ma-tik
> Ist bei dir gar nicht schick
> (Und jetzt passen Sie auf!)
> Du bist so-ga
>      bei Pi-i-sa
>        *noch* mi-ie-sa
> (Haben Sie das gemerkt? Drei gleiche Reime![12] Einen Wahn-
> sinns-Text habe ich da wieder geschrieben! Wo waren wir?
> Ach ja:)
> Als un-sre Freunde a-aus Ö-ös-ter-reich.

---

der rätoromanischen Fassung etwa zwischen Schliers und Küblis (Richtung Davos) oder zwischen Vourz und Somvix (Richtung Disentis). Schon allein dies ein Grund für eine Reise mit der Rhätischen Bahn.

10 Der Originaltext bezieht sich auf das Gleichnis von den törichten Jungfrauen und appelliert an uns, nicht wegen unserer Trägheit des Geistes oder, noch schlimmer, Trägheit des Herzens, unser Heil zu verschlafen. Insofern wäre der Text eigentlich ziemlich kritisch. Aber *so* kritisch soll Kabarett nun auch wieder nicht sein.

11 Im Vergleich zur in Fußnote 10 angesprochenen grundsätzlichen Mahnung betr. ewiges Leben vs. ewige Verdammnis sozusagen nur gemäßigt-gemein und gutbürgerlich-subversiv.

12 Wie bei Dante!

Na, war das kritisch? O.k. A one, a two, a one, two, three . . .[13]

*[Die folgende Klaviereinspielung ist das vollständige zweistimmige Stück plus, mit einer eigenen Klangfarbe, damit Sie's gut raushören, diese Choralmelodie.[14] Sie können versuchen, diese Melodie an Hand der folgenden Noten mitzulesen. Sie können aber auch den Text, der hier nicht deswegen noch mal kommt, weil er so schön ist (obwohl er wirklich schön ist, drei gleiche Reime!), sondern damit Sie die einzelnen Silben den einzelnen Noten zuordnen können, Sie können diesen Text auch gerne mitsingen. (Wenn Sie Bass sind, an den hohen Stellen einfach eine Oktave tiefer.[15]) Trau'n Sie sich. Sie können das. Außerdem macht's Spaß. Und wenn Ihnen Singen peinlich ist (soll's geben), weil Singen nicht intellektuell ist,[16] dann gucken Sie einfach beim Absingen dieses kritischen Textes ganz streng in die Gegend. Dann können Sie subkutan den naiven Spaß am Singen genießen und sich offiziell dem erhebenden Gefühl hingeben, einmal wie ein richtiger Kabarettist so richtig ganz toll kritisch gewesen zu sein! Also, keine Ausreden und. . . Musik ab.]*  CD #19

---

13  „Four" bitte nicht, da kommt schon das erste Achtel (sog. Auftakt) der folgenden Musikeinspielung. Den nahtlosen Anschluss („attacca") mit dem CD-Player bitte gut üben!

14  Wenn Sie Fachbegriffe interessieren: eine bekannte Melodie, in ruhigen Noten vorgetragen und von anderen, bewegteren Stimmen umwuselt, nennt man einen cantus firmus.

15  Macht man meist automatisch. Es entsteht ein sog. Schusterbass, der meist nicht schön klingt. Aber wir sind ja unter uns.

16  Dass Deutschland so nörgelig-jämmerlich-miesepetrig ist, liegt auch daran, dass bei uns nicht mehr gesungen wird. Singen war zu allen Zeiten ein selbstverständlicher Teil des Alltags. Singen ist gut für die oberen Atemwege. Und für's Gemüt. Das Problem in Deutschland war, dass man früher (Liedertafel, Männergesangsverein) zu sehr mit Inbrunst gesungen hat. Überlassen Sie die Inbrunst dem Kunstlied und singen Sie mit Ausbrunst. Wie die Donkosaken oder ein italienischer Opernchor. Dann ist Singen gesund.

Na, haben Sie mitgesungen? Oder wenigstens bewusst die dritte Stimme zwischen den beiden anderen mitgehört? DAS ist Musik meine Damen und Herren![17] Da können Sie so ziemlich alles, was sonst so an Musik . . . aber lassen wir's gut sein.

Ich hatte Ihnen ja versprochen, dass dieses Stück die Wunder der Polyphonie sozusagen „in der Nussschale" ahnen ließe. Das Bild „in der Nussschale" ist aber (wie die meisten Bilder) sehr schön und bei genauerem Hinsehen (wie die meisten Bilder) ziemlich vage.

Eine Nuss ist zunächst etwas ziemlich Hartes und zu Knackendes. Wenn sie geknackt ist, ist der Inhalt der Nussschale tatsächlich der

---

17  Egal ob Sie gerade schön oder nicht schön gesungen haben. (Wenn Sie schönen Gesang haben wollen, müssen Sie in die Oper gehen.) Hier geht's nicht um schön. Hier geht's um die musikalische Struktur!!

für den Menschen erfreulichste Aspekt des ganzen Natur-Projektes „Nussbaum". Ein nussiger Geschmack gilt etwa gerade bei Weichkäse als besonders edel. Nicht zu vergessen die gerade für uns heute so wichtigen ungesättigten $\Omega$-3-Fettsäuren in der Walnuss.[18] Und wenn diese Nuss dann von einem kooperativen Eichhörnchen 1) nicht gleich gegessen 2) an einen geeigneten Ort (Grabungstiefe, Temperatur, Feuchtigkeit, Mineralgehalt des umgebenden Bodens) verfrachtet und 3) und hauptsächlich *vergessen* wird[19] – dann entfaltet sich aus dieser kleinen Nuss in Jahrzehnten ein prächtiger Nussbaum. Das alles schwingt bei „in der Nussschale" mit, und Bilder sind vermutlich gerade deswegen so schön, weil sie so schön vage sind (und man in 0,3 sec bei ungesättigten Fettsäuren und dementen Eichhörnchen landet).

Polyphonie ist eine harte Nuss, aber, wenn man sie geknackt hat, über die Maßen köstlich. Und der daraus wachsende Baum eines großen polyphonen Stückes, wie der b-moll-Fuge aus dem zweiten Wohltemperierten, oder der Bau der gesamten Polyphonie, von den alten Niederländern[20] bis zu Hindemiths Ludus tonalis, ist wirklich eine Pracht.

Das alles war in diesem kurzen Stück natürlich nicht enthalten. Aber *ahnen* Sie die Wunder: drei Stimmen vereint in Freiheit, Gleichheit und Brüderlichkeit? Jede entfaltet sich frei als Individuum. Keine

---

18  Dem Erfinder des wunderschönen Wortes „ungesättigte Fettsäure" gebührt eigentlich der Chemie- zusammen mit dem Literaturnobelpreis. Welch voller Klang (ä-e-äu)! Welch kühnes Bild! Einen Auftritt vor 200 esoterisch angehauchten Reformhäuslern begann ich einmal, in meiner barocken Fast-2-Zentner-Fülle allein unter lauter hageren Gesundheitsbewegten (bayerisch: „Kohlrabiaposteln"), mit dem Satz: „In meinem früheren Leben war ich eine ungesättigte Fettsäure." Kam aber nicht so gut an.

19  Natur ist sachlich-grausam. Grassierende galoppierende Demenz der Eichhörnchenpopulation fördert den Bestand von Haselnuss, Walnuss und Eiche. Sicher ist galoppierende Demenz unter Menschen auch zu irgend etwas gut. Was wollte ich eigentlich erzählen?

20  Die alten Niederländer waren im Gegensatz zu den Niederländern von heute (Frau Antje, Tomaten, endemol) geniale Polyphoniker.

ist den anderen übergeordnet und degradiert sie zur Begleitung.[21] Und brüderlich gehen sie aufeinander ein, hören aufeinander und wirken so zusammen, dass sie zusammen viel mehr sind als ihre bloße Summe.

Für Nicht-Musiker *und* für Kenner: das ist nicht selbstverständlich. Wenn Sie ein Keyboard mit Speicherfunktion haben, nehmen Sie mal hintereinander den „Anton aus Tirol", „Oh Tannenbaum" und die Cavatine aus dem Figaro auf. Selbst wenn Sie alle drei in C-Dur gespielt haben, wird das, gleichzeitig abgespielt, nicht gut klingen.[22] Dass das mit mehreren Stimmen wirklich in Freiheit, Gleichheit und Brüderlichkeit klappt ist *nicht* selbstverständlich. Eben: Die Polyphonie *ist* ein Wunder.

---

21    Im Gegensatz zu: Alle Stimmen sind gleich, nur die erste Geige ist ein bisschen gleicher.

22    Mehrere auf Papier notierte Stimmen gleichzeitig abspielen zu lassen, ohne sich zuvor den Zusammenklang vorgestellt zu haben, ist, auch wenn oft als „kompromisslos polyphon" bewundert, noch nicht unbedingt Polyphonie.

# 7
# Mathematik und Fußball
## *oder*
# Kunst muss weh tun!

Wenn Sie als Mathematik-Skeptiker bis hierher durchgehalten haben, gebührt Ihnen schon mal ein dickes Lob. Allerdings haben wir jetzt wirklich alle Randaspekte der Mathematik abgehandelt. Und das Kapitel über mathematische Witze war auch nur ein letzter verzweifelter Versuch, der Sache selbst auszuweichen. Aber jetzt hilft nichts mehr.[1] Denn wie sagt der große Adorno? Adorno sagt: „Kunst muss weh tun!" Das grundlegende Glaubensbekenntnis des gehobenen deutschen Feuilletons. Als Mathematiker könnte man diese Forderung auch als Axiom I bezeichnen. (Mit „Axiome" bezeichnet man in der Mathe-

---

[1]   Nachdem Theaterpublikum signifikant belastbarer als Lesepublikum ist, könnte man an dieser Stelle auf einer Bühne (etwa nach der Pause, die Leute haben gerade wieder mühsam ihre Plätze eingenommen) fröhlich-unwirsch erklären: Schön, dass nicht alle in der Pause gegangen sind. Aber nachdem Sie jetzt wieder sitzen und die Ausgänge verriegelt sind, kann ich Ihnen ja ganz offen sagen: der erste Teil war der gemütlichere. Ab jetzt wird gearbeitet!

matik nicht weiter zu hinterfragende,[2] als grundlegend wahr betrachtete Grundaussagen, denn mit irgendwas muss man ja beim Beweisen anfangen.)

Dieses Buch befasst sich satirisch mit der Thematik Mathematik. Satire ist gesellschaftskritisch und muss schon allein deswegen weh tun. Da Satire (trotz allem) zur Kunst zählt,[3] muss sie gemäß Axiom 1 also doppelt weh tun. Und da die Mathematik laut Feuilleton schrecklich und furchterregend ist, muss künstlerisch anspruchsvolle Satire zur Thematik Mathematik so ziemlich das Schmerzhafteste sein (sozusagen kurz vor Rädern und Vierteilen), was sich so machen lässt.

Wenn aber die Logik zu solch seltsamen Schlüssen führt, sollte man vielleicht doch einmal die Voraussetzungen hinterfragen. Und so postulieren wir hiermit fröhlich das alternative

*Axiom 1′*
Wenn schon die Kunst weh tun muss,
sollten wenigstens die Wissenschaften Spaß machen.

Axiom 1 wurde nämlich erhellenderweise etwa von Claus Peymann[4] dahingehend präzisiert, dass er sagte: „Ich will, dass die Leute, wenn sie aus dem Theater nach Hause gehen, über mich sagen: Das darf er nicht!" Teufel auch.[5] Eine Interpretation, die dazu geführt hat, dass

---

2     Allerdings hinterfragen Mathematiker auch gerne nicht weiter zu hinterfragende Grundaussagen.

3     Zuständig ist hier zwar nur eine virtuelle sog. Zehnte Muse. Aber, virtuell oder nicht – Muse ist Muse.

4     Für Theaterignoranten (es gibt unter Theaterfreunden absolute Mathematikignoranten die etwa C. Gauß nicht kennen, und entsprechend gibt es unter Mathematikfreunden absolute Theaterignoranten, die möglicherweise, was viel schlimmer ist, C. Peymann nicht kennen): C. Peymann durfte viele Jahre als Chef des Burgtheaters die Wiener ärgern (was so schwer nicht ist) und hat jetzt zur Belohnung das Berliner Ensemble sozusagen als Austragsstüberl bekommen. C. Peymann gehört zu den für die BRD typischen verbeamteten Hoftabubrechoberräten mit Pensionsberechtigung und Großem Verdienstorden am Bande und ist überhaupt sehr mutig.

5     Aus einem empathischen „tut mir weh" folgt nicht logisch notwendig ein bewunderndes „das darf er nicht". Adorno ist nicht für alles, was nach Adorno kam, verantwortlich (z. B. C. Peymann).

in deutschen Theatern über viele Jahre nicht die Auslastungsrekorde, sondern vor allem die Tabus gebrochen wurden und in jeder Premiere, von Berlin bis Wanne-Eickel[6] wenigstens ein Mal auf der Bühne (Sie entschuldigen die Ausdrucksweise, aber es stand so in den Zeitungen, und wer gelegentlich ins Theater geht weiß, dass es so ist) gekotzt, gepinkelt, gefickt oder gewichst wird.[7] (Tut mir leid. Es ist so.) Und so fährt Reich-Ranicki in einer Rede in der Frankfurter Oper auch fort, er habe sich also mittlerweile damit abgefunden, dass in Deutschland bei jeder Premiere wenigstens ein Mal auf der Bühne ge-hm oder ge-hm-hm wird, allein, der Anblick urinierender Nonnen in einer Neuinszenierung von Meyerbeers Oper „Die Hugenotten" ginge selbst ihm zu weit. Worauf zwei Tage später im Feuilleton einer sehr großen deutschen Tageszeitung prompt stand, *gerade* urinierende Nonnen seien für modernes Theater ganz besonders wichtig (sozusagen unverzichtbar), und Reich-Ranicki sei ein alter Sack, der von modernem Theater keine Ahnung habe.[8]

Aber trotz der Nonnen in Meyerbeers Hugenotten und trotz aller weiterer verzweifelten Bemühungen des deutschen Regietheaters – *ein* Tabu wurde immer noch nicht gebrochen. Und dieses Tabu, *das letzte Tabu* unserer Gesellschaft, das habe ich in meinem Programm „Pisa, Bach, Pythagoras" tatsächlich gebrochen, nämlich auf einer deutschen Theaterbühne nicht schnell mal bisschen Unzucht zu treiben,[9] sondern,

---

6 Möglicherweise tue ich hiermit Wanne-Eickel i. a. Unrecht und dem Wanne-Eickeler Schauspielhaus i. b.. Aber erstens ist dieser Ortsname einfach zu schön und zweitens: Wanne-Eickel ist überall. (Zumindest in der alten BRD)

7 Letzteres übrigens seit einigen Jahren mit zunehmender Tendenz. Vermutlich zur Reduzierung der Personalkosten.

8 Um ähnlichen Vorwürfen in der Presse vorzubeugen, hatte ich beschlossen, wenigstens bei der Uraufführung meines Programms (Presse da!) *auch ein Mal* wie im Staatstheater auf offener Bühne wenigstens beiläufig zu urinieren. Bei der Beleuchtungsprobe setze ich also gerade an, wirft der Techniker das volle Licht an und brüllt: „Was machst du da?" Ich stolz: „Ich breche ein Tabu!" Er: „Tabu? Tabu?! Wisch das auf, aber sofort!" Und *das* ist der Unterschied zwischen Kleinkunst und Staatstheater: unsereiner muss hinterher immer alles selber aufwischen. Ich hab das dann auch gestrichen.

viel schlimmer, auf einer *deutschen* literarisch-kritisch-politisch geweihten *Theater*bühne in aller Öffentlichkeit — halten Sie sich fest — *Mathematik* zu treiben. So richtig rechnen! Mit echten Zahlen!! Auf einer deutschen Theaterbühne!!! Einige schrieen tatsächlich laut und öffentlich: das darf er nicht! Hurra, es gibt doch noch Tabus.

Für diese wahrhaft schockierende Nummer habe ich mir gedacht: Fußball bewegt alle Herzen. Und nachdem das vorhin mit dem Fußball und dem Rechenschieber nicht so recht geklappt hat, versuchen wir's noch mal. Aber nicht mehr mit der höheren Mathematik. Mit Plus und Mal kann man nämlich auch schon ganz wunderbar mathematisch forschen.

Wenn wir etwa eine Liga mit $n$ Mannschaften betrachten ... Geht schon los! *Was* — werden sich jetzt viele Leser fragen — was zum Teufel sind „$n$ Mannschaften"? Der gemeine Nord-Kurven-Fan kennt ja immer nur seine Fußball-Bundesliga mit 18 Mannschaften. In Österreich hat die 1. Division nur 10 Mannschaften (mangels Masse[10]). In anderen Ländern ist es wieder anders. Und in anderen Ballsportarten — Basketball, Volleyball, Handball, Eishockey — ist es vermutlich wieder ganz anders.

(Wenn Sie jetzt protestieren, Eishockey sei keine Ballsportart, demonstrieren sie nur den tiefen Unterschied zwischen einem Mathematiker und einem Nicht-Mathematiker. Wer beharrt hier kleinlich darauf, dass ein Puck kein Ball ist? Sehen Sie. Der Mathematiker hingegen hat ein weites Herz und erklärt großzügig, dass es für die Tabellenberechnung ziemlich egal ist, ob jetzt ein Ball oder ein Puck im Netz zappelt. Mathematisch gesehen könnte man sogar mit einem Tetraeder spielen.[11] Sogar auf Rasen *und* auf Eis.)

---

9    So what?

10    Trotz so exotischer Vereine wie „SCU Seidl Software" oder „FC Superfund Pasching". Schade, dass Unterhaching nicht mehr in der ersten Liga spielt. So wird mein Traum vom Champions-League-Finale Unterhaching gegen Pasching wohl ein Traum bleiben.

11    Tetraeder ist die altmodische Bezeichnung für Tetrapack. Für den echten Tetrapack, mit 4 dreieckigen Seitenflächen. Mittlerweile nennt man auch gerne, schlampig wie

Der Aufstieg vom gemeinen Nord-Kurven-Fan zum homo sapiens aber beginnt, wenn man statt seinen 18 deutschen oder seinen 10 österreichischen Erstligisten einmal *die* schlechthinnige Ballsportliga an sich mit $n$ Vereinen – $n$ ist irgend eine ganze Zahl größer eins (oder auch gleich eins – wär' aber langweilig[12]) – betrachtet! Frage: Wie viele Spiele hat eine Mannschaft in einer Liga mit $n$ Mannschaften zu absolvieren?

Und weil die „$n$ Mannschaften" doch oft eine echte Hürde darstellen, habe ich in der folgenden Abbildung mal ganz allgemein und rein systematisch $n$ Mannschaften angedeutet:

---

die Menschheit ist, ganz gewöhnliche kleine Schachteln mit viereckigen Seitenflächen (Quader) Tetrapacks. Sie sind aber eigentlich Hexapacks. (Hexa = sechs, bitte nachzählen!) Gauß hat übrigens bewiesen, dass für Ballsportarten (mit verallgemeinertem Ballbegriff) außer Ball, Würfel und Tetrapack nur noch Oktaeder, Dodekaeder und Ikosaeder in Frage kommen. (So was kann man beweisen!) Dann ist aber Schluss. (Tetra-, Okta-, Dodeka- und Ikosaeder bedeuten regelmäßige 4-, 8-, 12- und 20-Flächner.)

12   Im Randfall $n = 1$ braucht man natürlich nur 0 Spiele, um die Meisterschaft zu entscheiden. Wenn sich Mathematiker so gerne auf Randfälle kaprizieren, ist das natürlich nicht (wie in Kapitel 3 behauptet) die schiere Erbsenzählerei, sondern im Gegenteil: der Mathematiker hat einen Drang ins Ganzgroße, Universelle, Vollständige. Und auch wenn eine Liga mit nur einer Mannschaft und eine Meisterschaftsrunde mit 0 Spielen für den Nicht-Mathematiker grober Unfug sind, der Mathematiker freut sich wie ein Kind, wenn er auf den groben Klotz „Liga mit einer Mannschaft" den noch gröberen Keil „dann eben eine Meisterschaft mit 0 Spielen" setzen kann. Ja, man könnte sogar sagen: dass für $n = 18$ oder $n = 10$ oder $n = 20$ die Begriffe Liga und Meisterschaft mit $n$ Mannschaften definiert und untersucht werden können, findet er ganz nett. Dass das aber auch noch für $n = 1$ begrifflich konsistent möglich ist, erfreut den Mathematiker viel mehr. So wie ja Gott sich über einen einzigen reuigen Sünder angeblich auch mehr freuen soll als über 99 Gerechte.

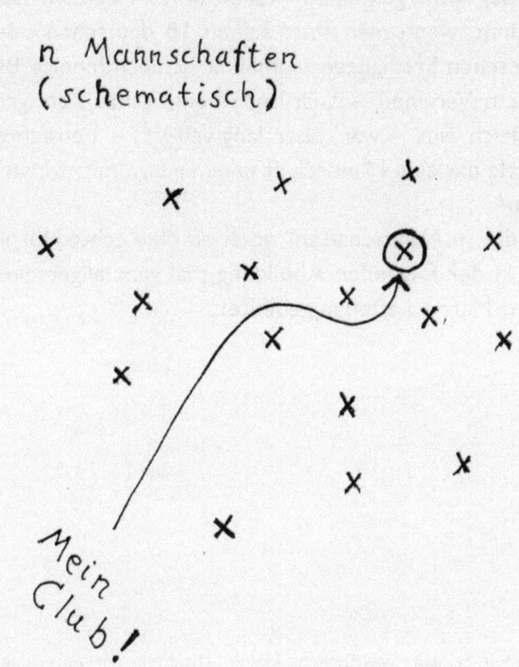


Kleingeister dürfen jetzt gerne die Kreuzchen zählen. Aber es ist völlig wurst, ob das jetzt 9, 17 oder 55 Kreuzchen sind. Ich weiß es nicht. Und will es auch gar nicht wissen! Für einen Mathematiker sind das $n$ Kreuzchen. Oder Mannschaften.[13] Basta. Das Kreuzchen mit dem Kringel drum herum ist jetzt mein Klub. In der Hinrunde muss mein Klub ein Mal gegen jede andere Mannschaft antreten. Das sind wie viele Gegner? Und damit Spiele? Genau: $n-1$. Wenn Sie als Nicht-Mathematiker jetzt tatsächlich auch $n-1$ gesagt haben (oder sich wenigstens gedacht

---

13  Der große Logiker Frege würde noch anfügen: Oder Bierseidel. Bierseidel im Sinne von: was auch immer.

haben), dann Hut ab! Nach zahlreichen öffentlichen Darbietungen darf ich Sie versichern: diese Antwort kommt nicht immer![14]

Das war die Hinrunde. In der Rückrunde muss unser Klub (Heimspiele und Auswärtsspiele vertauscht) noch mal gegen alle anderen antreten. Das sind also noch mal, genau, $n-1$ Spiele. Und wie kann man statt „$n-1$ und dann noch mal $n-1$" ganz elegant sagen. Na? Richtig: $2 \cdot (n-1)$.[15] ICH GRATULIERE IHNEN! Sie haben soeben Ihren ersten mathematischen Satz selbständig bewiesen:

> Theorem 1
> In einer Ballsportliga mit $n$ Vereinen muss ein Verein
> $2 \cdot (n-1)$ Spiele absolvieren.

Ein Satz von kristallener Klarheit, erhabener Schönheit und vor allem: von Ihnen soeben bewiesen und gültig für die Ewigkeit![16]

Weiter! Wie viele Spiele gibt es insgesamt in einer Liga mit n Mannschaften? Das ist schon etwas schwieriger. Und immer wenn's schwieriger wird, hilft ein konkretes Beispiel. Wir schlagen uns also erst einmal (3 Vereine sind zu einfach, 5 Vereine sind schon wieder unübersichtlich) mit 4 konkreten Vereinen herum, etwa mit:

---

14 Einmal kam von einem Gast im Publikum statt der dem Publikum von mir in den Mund gelegten Antwort „$n-1$" die niederschmetternd realistische Antwort „16", was meine so engagierten Bemühungen, dem nicht-mathematischen Publikum das Konzept einer allgemeinen Zahl („Platzhalter", „Variable", etc. etc.) näher zu bringen, natürlich schlagartig auf Grund laufen ließ. Obendrein musste ich noch, um diese Antwort korrekt zu würdigen, meine $n$ Kreuzchen der Reihe nach, sozusagen händisch, ganz konkret abzählen. Vor Publikum! Für einen Mathematiker ist kaum etwas Peinlicheres vorstellbar als in aller Öffentlichkeit seine vollständig offen und allgemein konzipierten $n$ Entitätenvariablen abzuzählen wie Kinder ihre Gummibärchen. Geradezu demütigend!

15 Auch diese Antwort kommt nicht immer.

16 Sie dürfen ruhig ein bisschen Gänsehaut verspüren. So oft nimmt man mit der Ewigkeit auch nicht Kontakt auf.

Bayern München
TSV 1860 München
1. FC Nürnberg[17]
SpVgg Unterhaching

Diese Auswahl ist, zugegeben, nicht frei von persönlichen Vorlieben. Man könnte statt Unterhaching etwa auch, meinem Verlag zu Ehren, Wiesbaden nehmen. Aber Wiesbaden spielt (wenn überhaupt) in der k-ten Liga, $k \gg 2$ (sprich: k sehr viel größer als 2). Und mit Mainz 05 macht man sich in Wiesbaden auch nicht beliebt. Also bleiben wir bei Unterhaching.

Diese Vereine (abgekürzt Bay, 60, FCN, Uha) bilden nun eine Liga mit 4 Vereinen. In der Hinrunde spielen die Bayern gegen die drei anderen Vereine, also

$$Bay:60 \qquad Bay:FCN \qquad Bay:Uha$$

Dann müssen die 60er gegen die anderen 3, aber das Münchner Derby Bay:60 haben wir ja schon aufgelistet, also kommen noch hinzu

$$60:FCN \qquad 60:Uha$$

Die Spiele der Nürnberger gegen die Münchner Vereine sind schon aufgelistet (Bay:FCN, 60:FCN) und so kommt nur noch

$$FCN:Uha$$

neu hinzu. Und die drei Spiele der Unterhachinger in der Hinrunde stehen schon da (Bay:Uha, 60:Uha, FCN:Uha), so dass damit alle Hinrundenbegegnungen aufgelistet sind.

(Nur falls Sie das irritiert: wichtig ist, dass in der Hinrunde etwa Nürnberg und Unterhaching ein Mal aufeinander treffen. Ob dieses Spiel in Nürnberg oder in Unterhaching stattfindet ist völlig egal. Ein Trick bei

---

17  Sprich: Glubb

der Mathematik ist, alles was für die akute Frage unwichtig ist, weg-zulassen. Weglassen heißt auf lateinisch abstrahieren. Und auch deswegen gilt die Mathematik als abstrakt und schwierig. Man neigt dazu, alle Informationen gleich wichtig zu nehmen. Aber für die Anzahl der Spiele ist die Heim-/Auswärts-Frage abstrahierbar. Der Mann im Unterhachinger Fan-Club, der die Busse für die Auswärtsspiele anmietet, darf das nicht abstrahieren. Aber wir mieten keine Busse, wir zählen nur Spiele.)

Mit unseren 4 Mannschaften ergeben sich also die folgenden Begegnungen:

| | | | |
|---|---|---|---|
| Bay: | — | Bay : 60 | Bay : FCN | Bay : Uha |
| 60: | — | — | 60 : FCN | 60 : Uha |
| FCN: | — | — | — | FCN : Uha |
| Uha: | — | — | — | — |

Das ergibt also für 4 Mannschaften $3 + 2 + 1$ Spiele. Und für $n$ Mannschaften? Genauso wie in unserem Vierer-Beispiel: $(n-1) + (n-2) + \ldots + 2 + 1$ oder kurz $(n-1) + \ldots + 1$ Spiele.

Wenn sie damit leben können, überspringen Sie diesen Abschnitt. Wenn Sie ein flaues Gefühl im Magen haben, ob man das mit der Formel

$$(n-1) + \ldots + 1$$

einfach so behaupten kann, wappnen Sie sich mit Geduld und lesen Sie diesen langen Abschnitt zu Ende. Den obigen Beweis für unsere Formel nennt man einen Beweis durch „vollständige Suggestion".[18] Für skeptische Menschen wie

---

18 Diese Beweismethodik findet sich etwa in der indischen Mathematik, in der statt eines Beweistextes gerne eine geometrische Zeichnung mit etlichen Hilfslinien gezeigt wird und darunter steht dann: Siehe! (Natürlich auf Indisch). Ein erklärter Anhänger dieser Methode war Schopenhauer. Er hielt Euklid für einen üblen Taschenspieler und Trickbetrüger, der einen solange mit einem Schwall von kleinen, jeweils biss-

Sie (und für Mathematiker natürlich, Mathematiker *sind* skeptische Menschen) benötigt man hier einen Beweis durch „vollständige Induktion". Das geht so. Für unsere 4 Vereine erhielten wir: $3 + 2 + 1$ Spiele. Wenn wir in unserer Formel für $n$ die 4 einsetzen, erhalten wir aus unserer Formel

$$(n - 1) + \ldots + 1 = (4 - 1) + \ldots + 1 = 3 + 2 + 1$$

Also stimmt unsere Formel schon mal für $n = 4$. Jetzt setzen wir mal voraus, dass unsere Formel für $n$ Vereine richtig ist. (Das *wollen* wir zwar erst beweisen, aber man wird es ja mal annehmen dürfen.) Gilt sie dann auch für $n + 1$ Vereine? Nun, der neue $(n + 1)$te Verein muss gegen die $n$ alten Vereine antreten. Das ergibt $n$ Spiele. Und dann gibt es noch die Spiele der $n$ alten Mannschaften untereinander. Aber da haben wir ja angenommen, dass unsere Formel stimmt. Also sind das $(n - 1) + \ldots + 1$ Spiele. Zusammen: $n$ Spiele der $(n + 1)$ten neuen Mannschaft plus $(n - 1) + \ldots + 1$ Spiele der $n$ alten Mannschaften untereinander, macht

$$n + \big((n - 1) + \ldots 1\big)$$
$$= n + (n - 1) + \ldots + 1$$
$$= n + \ldots + 1$$

Spiele. Und jetzt prüfen wir, ob unsere Formel für $n + 1$ auch dieses Ergebnis liefert. Wir setzen in unserer Formel $(n - 1) + \ldots + 1$ an Stelle von $n$ den zu überprüfenden Wert $(n + 1)$ ein und erhalten

$$\big((n + 1) - 1\big) + \ldots + 1$$
$$= (n + 1 - 1) + \ldots + 1$$
$$= n + \cdots + 1$$

Ei gugge do, wie der Sachse sagt, die Formel stimmt! Wenn Sie jetzt nur leicht genervt mit den Achseln zucken und sagen, natürlich sei $n + 1 - 1 = n$ ja und? – dann sollten Sie diesen Abschnitt noch mal in Ruhe angehen. Wenn Sie an der Stelle „ei gugge do" ein ganz klein bisschen Freude verspürt haben, ein ganz kleines Heureka-Gefühl, dann sind Sie auf dem richtigen Weg. Und zur Belohnung gibt es jetzt die feierliche Apotheose des vollständigen Induktionsbeweises: *[Trommelwirbel]* Wir wissen, dass unsere Formel für $n = 4$ stimmt. Wir

---

chen umgeformten Buchstaben- und Zahlenfolgen belästigt, bis man entnervt sagt: ich glaub's ja schon. Man sagt es aber nur, damit endlich Ruhe ist. Versteht aber nur Bahnhof. Hierin ähneln viele Schüler Schopenhauer. Aber leider nur hierin.

wissen, dass sie, wenn sie für $n$ stimmt, auch für n+1 stimmt. Also gilt sie nicht nur für die 4 sondern auch *[Trommelwirbel anschwellend]* für $4 + 1 = 5$. Wenn Sie für die 5 gilt, gilt sie auch *[Trommelwirbel sempre crescendo]* für $5 + 1 = 6$. Wenn sie für die 6 gilt ... merken Sie was? *[Tusch!]* Unsere Formel gilt für *alle* Zahlen![19] Na, war das clever? Dieses geniale Verfahren lernen Schüler zum ersten Mal (hoffentlich) in der 11. Klasse kennen, und ab da wird aus dem Fach Rechnen wirklich das Fach Mathematik.[20]

---

19    Für $n \geq 4$ haben wir unsere Formel bewiesen. Für $n = 1, 2, 3$ gilt sie auch. Da es aber mühselig ist, einem mathematisch unabgebrühten Leser einzureden $(n - 1) + \ldots + 1$ ergäbe für $n = 1$ die Summe 0 (ignorieren Sie das einfach) und da in der Praxis sogar bei Kleinfeld-Turnieren der G-Jugend (das heißt so) nach meiner Erfahrung $n$ mindestens gleich 5 ist, wollen wir mit $n \geq 4$ zufrieden sein. Sollten Sie wirklich einmal ein Kleinfeld-Turnier der H-Jugend mit $n < 4$ planen müssen, können Sie das Problem auch empirisch lösen (ausprobieren). Für Leser, die auf Vollständigkeit Wert legen: Bei $n = 3$ Mannschaften $(A, B, C)$ braucht man 3 Spiele $(A : B, B : C, C : A)$. Bei $n = 2$ Mannschaften $(A, B)$ nur noch ein Spiel $(A : B)$. Und bei $n = 1$ Mannschaften $(A)$ gar kein Spiel ($A$ *ist* der Meister). Unsere Formel $(n - 1) + \ldots + 1$ ist die Summe aller Zahlen von $(n - 1)$ abwärts bis runter zur 1. Also erhält man bei $n = 3$ die zwei Summanden $2 + 1$ (da $3 - 1 = 2$), bei $n = 2$ den einen Summand 1 ($2 - 1$ *ist* bereits die 1). Und bei $n = 1$ soll man bei $1 - 1 = 0$ starten bis runter zur 1. Das geht nicht, wir haben 0 Summanden, und eine Summe ohne Summanden ist vernünftigerweise gleich 0. Kurz:

$$(3 - 1) + \ldots + 1 = 3 \qquad (2 - 1) + \ldots + 1 = 1 \qquad (1 - 1) + \ldots + 1 = 0$$

Sie sehen: Randfälle kann man hassen oder lieben. Aber sie lassen niemanden kalt! Falls Sie die Frage, was $(1 - 1) + \ldots + 1$ ist, doch kalt lassen sollte, ist es mir leider noch nicht gelungen, Ihren furor mathematicus zu wecken. Aber geben Sie nicht auf! In Kapitel 9 wird's deutlich anschaulicher.

20    Als ich meinen Sohn 4 Wochen nach der Einschulung fragte: „Was macht ihr gerade in Mathematik?" und er antwortete: „Addieren" war ich ehrlich beeindruckt, das mein Sohn nicht einfach zusammenzählt, sondern addiert. Als ich ihn dann fragte: „Und was ist 9 plus 2?" und er antwortete „11, aber über 10 dürfen wir erst nach Weihnachten", beschlich mich allerdings ein leiser Zweifel, ob man statt „Mathematik" vielleicht nicht doch besser das alte ehrwürdige Fach „Rechnen" lehren sollte. Aber mittlerweile haben sich ja auch alle Hochschulen in Universitäten umbenannt. (Ein Hoch der wackeren ETH Zürich! Und der unbeugsamen RWTH Aachen!) Und in einigen Jahren werde ich mein Enkelkind fragen: „Na, was habt ihr heute in Literatur gelernt?" „Das A." Bei der „vollständigen Induktion" bekommt man also mit nur 2 Beweisschritten unendlich viele Zahlen in den Griff. Und Mathematik ist immer da, wo die Unendlichkeit durchscheint.

Also bei $n$ Vereinen gibt es in der Hinrunde $(n-1)+\ldots+1$ Spiele. Bei der Rückrunde kommt noch mal dieselbe Anzahl von Spielen dazu (Heimrecht vertauscht, aber wie gesagt, wir mieten keine Busse) und wir erhalten unser hart erkämpftes

**Theorem 2**
In einer Ballsportliga mit $n$ Vereinen gibt es insgesamt
$2 \cdot \left((n-1)+\ldots+1\right)$ Spiele.

Wenn Sie jetzt etwa wissen wollen – um nach so viel Theorie endlich auch mal was so richtig Praktisches zu machen – wie viele Spiele es im Verlauf einer Bundesligasaison gibt (vorbehaltlich der Wiederholung sog. Hoyzer-Spiele), müssen Sie in Theorem 2 für $n$ einfach die Zahl 18 einsetzen, wir erhalten

$$2 \cdot \left((18-1)+\ldots+1\right)$$

und stellen mit Betroffenheit fest: das ergibt eine ziemlich fiese Rechnung.

Deswegen (Mathematiker haben keine Lust auf fiese Rechnungen) lassen wir das einfach mal so im Raum stehen, treten 2 Schritte zurück und betrachten das Problem noch mal aus der Distanz (oder noch besser: von oben). Und was erblicken wir? Wir erblicken

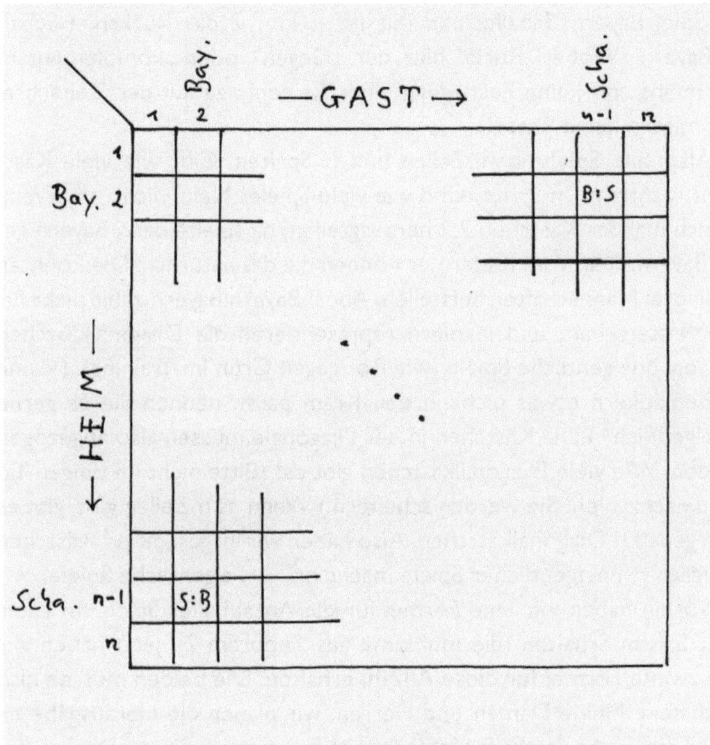


ein Tableau aller Spiele. Wir haben links alle $n$ Mannschaften als Heim-Mannschaften und oben dieselben $n$ Mannschaften als Gastmannschaften. Dann erhält man, wenn etwa Bayern die zweite und Schalke die vorletzte Mannschaft ist (diese Reihenfolge beinhaltet natürlich keinerlei Wertung[21]) mit den Schiffchen-Versenken-Koordinaten $2 : (n-1)$

---

21   Politisch ganz korrekt: Alle möglichen (und das sind viele) Anordnungen der $n$ Vereine sind gleichwertig. Die entsprechend korrekte mathematische Notation lautet Mannschaft $[i]$, $1 \leq i \leq n$. Aber „Bayern : Schalke" hat einfach mehr Pfeffer als die korrekte, aber langweilige Paarung: Mannschaft $[i_1]$ gegen Mannschaft $[i_2]$ mit $1 \leq i_1, i_2 \leq n$ und $i_1 \neq i_2$.

das Spiel Bayern:Schalke und mit $(n-1) : 2$ das Rückspiel Schalke:Bayern (Wobei „Rück" hier nur „Gegen" oder „komplementär" etc. meint und keine Festlegung einer Reihenfolge auf der Zeitachse. Wir mieten keine Busse!)

Also: alle Spiele in $n$ Zeilen und $n$ Spalten. Gibt wie viele Kästchen? Richtig $n \cdot n = n^2$. Und wie viele Spiele? Nein, nicht $n^2$. Wenn Sie sich mal das Kästchen 2:2 herausgreifen, da spielte dann Bayern gegen Bayern. Rein vom Kader her können die das natürlich. Die könnten sogar drei Mannschaften aufstellen. Aber: Bayern:Bayern zählt nicht für die Meisterschaft, und insofern repräsentieren die Diagonalkästchen nur sog. uneigentliche Spiele (wie Rot gegen Grün im Training). (Wenn Mathematikern etwas nicht in den Kram passt, nennen Sie es gerne „uneigentlich".) Die Kästchen in der Diagonale müssen also abgezogen werden. Wie viele Diagonalkästchen gibt es? (Bitte nicht im obigen Tableau nachzählen! Sie werden scheitern.) Wenn es n Zeilen gibt, gibt es auch genau $n$ Diagonalkästchen. Also haben wir insgesamt $n^2$ Kästchen abzüglich $n$ uneigentlicher Spiele macht $n^2 - n$ eigentliche Spiele.

Vorhin haben wir eine Formel für die Anzahl aller Spiele im Laufe einer Saison erhalten (die mühsame aus Theorem 2), jetzt haben wir eine zweite Formel für diese Anzahl erhalten. Die beiden müssen also gleich sein. Meine Damen und Herren, wir planen die Herausgabe einer neuen Fachzeitschrift *Proceedings in n-dimensional soccer-theory* (für Nicht-Mathematiker: mathematische Fachzeitschriften heißen so) und veröffentlichen darin unser soeben gefundenes

### Theorem 3

$$2 \cdot ((n-1) + \ldots + 1) = n^2 - n$$

*Sie* haben das übrigens alles soeben bewiesen. Eine echte, nicht-triviale Formel! So, und jetzt als Schluss- und Höhepunkt dieses Kapitels der berühmte Zaubertrick: das Verschwinden – und Wiedererscheinenlassen einer Zahl! Sie müssen jetzt allerdings auch ein bisschen mitarbeiten (können den Trick dann aber auch Ihren schulpflichtigen Kindern vorführen). Decken Sie bei den folgenden zwei Zeilen, etwa mit einem Blatt Papier, die untere Zeile beiläufig und ganz unauffällig ab (so dass es niemand merkt. Zaubern ist nicht einfach!). Und jetzt beginnt der Trick auch für's Publikum. Bitte mitsprechen: „Hokus Pokus – verschwindibus!" *[Mit dem linken Mittelfinger bei „verschwindibus" das „2·"* *oben links abdecken]* „Die 2 ist weg!" – Mit einer krausen Geschichte (etwa von der schönen Prinzessin, dem bösen Drachen und dem mutigen Mathematiker) das Publikum in Spannung halten. – Und jetzt: „Hokus Pokus – fidibus!" *[bei fidibus ruckartig mit der rechten Hand das* *Deckblatt wegziehen, mit dem rechten Zeigefinger auf die 2 rechts unten* *deuten und triumphierend verkünden]* „Die 2 ist wieder da!"

$$2 \cdot \left( (n-1) + \cdots + 1 \right) = n^2 - n$$

$$(n-1) + \ldots + 1 = \frac{n^2 - n}{2}$$

Mit diesem Trick kann man wirklich jedes Publikum, Schüler wie Erwachsene, nachhaltig verblüffen. („Wie hat er das gemacht?") Wenn man dann als Auflösung verrät, dieser Trick sei auch unter dem Namen „Die-2-Rüberbringen" bekannt, wird das dann meistens doch mit einem fröhlichen Aha-Erlebnis quittiert, weil jeder mal gelernt hat (Gleichungen auflösen!): wenn ich die obere Gleichung durch 2 teile verschwindet sie links (weil $\frac{2 \cdot}{2} = 1 \cdot$ und $1 \cdot$ kann man ohne größeren Verlust weglassen) und (eine Gleichung durch 2 teilen heißt die linke Seite durch 2 teilen, haben wir gerade erledigt, *und* „damit die Waage[22] im Gleichgewicht bleibt" auch die rechte Seite) die 2 taucht rechts wieder im Nenner auf. Ein toller Trick!

---

22 Wie bringt man Kindern heute anschaulich das Konzept der Gleichung bei, nachdem viele gar nicht wissen was eine Waage ist (da es zuhause nur Fertiggerichte gibt) und die anderen zwar eine Waage kennen, aber ohne jede Vorstellung zweier sich die Waage haltender Gewichte, da Mama (und natürlich auch der Quotenhausmannpapa) eine Küchenwaage mit Digitalanzeige besitzt. (Bei älteren Küchenwaagen musste man große und kleine Gewichte verschieben bis die beiden Zeiger auf gleicher Höhe standen.) Vielleicht ist der Forscherdrang unserer Kinder auch deswegen etwas gedämpft, weil heute jedes Gerät eine hermetische Black Box ist, während man früher wirklich alles aufschrauben und auseinander nehmen konnte. (Das Wiederzusammenbauen ist natürlich eine andere Geschichte, vgl. Kap. 13 → Wärmetod)

Und jetzt setzen wir in

$$(n - 1) + \ldots + 1 = \frac{n^2 - n}{2}$$

für $n$ – na sagen wir mal, so spaßeshalber, die Zahl … wie wär's mit 101? – also die Zahl 101 ein. Jetzt werden Sie sagen, das sei eine doofe Zahl. Warum nicht gleich 1001? Außerdem seien das keine Dalmatiner, sondern Fußballmannschaften, und wir können uns ja 18 Vereine schon nicht mehr leisten.[23] Aber das ist das Schöne an der Mathematik: Mathematik kennt, im Gegensatz zu allen anderen Disziplinen und Tätigkeiten, *keine* praktischen Begrenzungen. Wir haben bewiesen, unsere Formel gilt für $n$ Vereine, $n \geq 4$. Also können Sie für $n$ 18 einsetzen, oder auch 10 (Österreich), oder 55, oder 101, oder auch 5 Quintillionen.[24] Die Wahrheit einer Formel ist unbegrenzt!

Wir setzen jetzt also überall, wo $n$ steht, eine 101 ein und erhalten:

$$(101 - 1) + \ldots + 1 = \frac{101^2 - 101}{2}$$

Und jetzt rechnen Sie mal bisschen mit! $101 - 1 = 100$ und $101^2 - 101 = 101 \cdot 101 - 101$, da kann man also eine 101 ausklammern und bekommt

$$100 + \ldots + 1 = \frac{1}{2} 101(101 - 1) = \frac{1}{2} 101 \cdot 100 = \frac{1}{2} 10100 = \ldots$$

Moment, das *hatten* wir doch schon mal?! Und wir erhalten abschließend den

Hauptsatz der n-dimensionalen Ballsportligen-Theorie
$1 + \ldots + 100 = 5050$     oder     *Gauß hatte Recht!*

---

23  Dortmund! Wir hoffen aber, dass Dortmund auch nach Erscheinen dieses Buches noch erstklassig spielt. Denn hier gilt Axiom 2: Dortmund gehört in die Bundesliga.

24  „Fünf Quintillionen" ist der aktuelle Pegelstand in Onkel Dagoberts Geldspeicher (allerdings nur in Dollar) und damit die größte bekannte endliche Zahl.

Dass $1 + \ldots + n = (n+1) \cdot \frac{n}{2}$ wusste, wie wir oben berichtet haben, schon der 9-jährige Gauß. Aber wusste er auch schon, dass $2 \cdot ((n-1) + \cdots + 1) = n(n-1)$? Und vor allem, kannte er schon die umfassenden Anwendungsmöglichkeiten dieser Formel in der Praxis? Bundesliga: $18 \cdot 17 = 306$. Österreich: $10 \cdot 9 = 90$. Kleinfeldturnier (ohne Rückspiele) der G-Jugend: $5 \cdot \frac{4}{2} = 10$.

Aber ich fürchte, Gauß hätte diese Frage anders gelöst und ich hoffe, Sie sind nicht böse, wenn ich Ihnen jetzt noch verrate (falls Sie nicht schon längst selbst darauf gekommen sind), wie man die Spielezahl auch ganz simpel ausrechnen kann. n Mannschaften macht $n-1$ Gegner oder $2 \cdot (n-1)$ Spieltage (Theorem 1 ist immer noch wertvoll!). Pro Spieltag natürlich $\frac{n}{2}$ Spiele (weswegen es so selten Ligen mit 19 Mannschaften gibt), macht $2 \cdot (n-1) \cdot \frac{n}{2} = n(n-1)$ Spiele.

Nicht ärgern! *So* selbstverständlich ist dieser Weg auch nicht. Wenn Sie Schüler (oder auch Erwachsene) fragen, wie viele Spiele es in einer Saison in Italien bei 20 Vereinen gäbe, ist die Antwort nur selten: „Na klar! $2 \cdot 19 \cdot 10$.“ Sondern: „Das könnte man über Internet rauskriegen.“ Und unser theoretischer Ansatz war *auch* richtig, gaußkompatibel und vor allem viel spannender. Auch in der Wissenschaft gilt: der Weg ist das Ziel. Und in den fortgeschrittenen Wissenschaften gilt sogar: „Der Weg ist das Ziel und Ziel haben wir eh keins. Aber es macht Spaß.“ Wie gesagt: Wenn schon die Kunst weh tut, sollten wenigstens die Wissenschaften Spaß machen!

# 8
# Kontrapunktische Bastelstunde
## *oder*
# Lob des Handwerks

Bachs Choralvorspiel zu „Wachet auf ruft uns die Sti-i-i-mme" demonstriert den Kontrapunkt in wahrhaft Bachischer Meisterschaft, Inspiration und Größe. (Nona![1]) Man kann aber den dreistimmigen Kontrapunkt – die Kunst, drei Stimmen selbständig und parallel zu führen – auch heute noch (hier ganz bieder-handwerklich, aber immerhin) mit relativ großer Wirkung einsetzen, wenn man etwa für ein realtiv kleines Bankinstitut zum 3-jährigen Jubiläum des Euros als Auftragskomposition eine kleine Fest- und Jubel-Kantate schreiben darf.[2]

---

[1]   Bach gilt – zurecht – als *der* Kontrapunktiker, und insofern *ist* Bach wahrhaft bachisch. Neben Bach stehen gleich die großen alten Niederländer (Dufay, Desprez, Ockeghem, Lassus etc.). Aber auch in Klassik und Romantik (falls das jemandem wirklich nicht bewusst sein sollte) lebt der altertümliche Kontrapunkt meist unterschwellig, manchmal ganz direkt, aber immer erfrischend und belebend weiter. (4 Lieblingsbeispiele für Polyphonieeinsteiger: Mozart, Kleine Gigue. Beethoven, Große Fuge. Wagner, Prügelfuge aus den Meistersingern. Verdi, Schlussfuge aus Falstaff.)

[2]   Früher bekamen die Komponisten Aufträge von Fürsten und Bischöfen. Staat und Kirche sind heute pleite. Da freut man sich doch über eine kleine Auftragsarbeit

Wie man den Euro musikalisch würdigen kann, ist ziemlich nahe liegend: Euro, Europa, Europahymne, Beethoven – das Chorfinale aus der Neunten, vielen noch in der markigen Interpretation durch Julio Iglesias (sen.) vertraut („Song of Joy"), manchen auch noch in der Bearbeitung „Freu-e dich auf Pfan-ni-knö-del" im Ohr. Das gab's wirklich vor einigen Jahren. Da kamen die Werbefritzen[3] auf die Idee, dass die Melodien unserer alten Meister auch nicht schlecht und zweitens und hauptsächlich umsonst sind.[4] Und seitdem ich das weiß: Dieter Bohlen kostet, Mozart gibt's umsonst – seitdem hege sogar ich Zweifel, ob in unserer freien Marktwirtschaft wirklich der Preis den Wert einer Ware widerspiegelt.

Eine Zeit lang wurde dann auch wirklich *alles* mit klassischer Musik beworben, sozusagen von Zartbitter-Schokolade bis Superflauschtoilettenpapier.[5] In Feuilletons und Leserbriefen wurde heftig gestritten, da einige ältere Bildungsbürger meinten, man könne doch die ganzen schönen Stellen nicht einfach so verramschen.[6] Aber der Tenor in den Feuilletons war: die alten bildungsbürgerlichen Säcke sollten froh sein, dass so wenigstens mal die Klassik unters Volk käme. Ich fragte einmal, wie das wäre, wenn man statt Mozart etwa Texte von Handke für Schuhcreme, Schokolade oder Superflausch benutzte. Man

---

aus der Wirtschaft.

3     Eigentlich sagt man Werbefuzzis. Und da heute der Name Fritz (bei Kindern) praktisch ausgestorben ist, gilt ~fritzen als veraltet. Egal! Ich finde ~fritzen auch lustig aber nicht so abmeiernd wie ~fuzzis. Also: ~fritzen.

4     Kostenregelungsdetails (wie: ab Notenzahl $\geq 8$ und $\leq 70$ Jahre tot kostets oder so ähnlich) regelt die Gema. Die Gema wahrt die Interessen deutscher Tonkünstler. Aber gründlich. Da gäbe es einiges zu sagen. Einige sagen, die Gema sei schlimmer als das Finanzamt.

5     Das kühnste (oder unverschämteste) Beispiel war, glaube ich, der grandiose Anfang von Straussens Zarathustra für – na? – für Erdal Schuhcreme. Der semantische Zusammenhang Zarathustra – Philosoph – Erleuchtung – Sonnenaufgang – Trompeten: Es, E – Orchesterglanz – Schuhcreme. Bombastisch!

6     Wenn ich Silvester in der Philharmonie die Neunte höre (wie sich das an Silvester gehört) sitze ich ab Anfang 4. Satz angespannt da, mit hochgezogenen Schultern und abgeschnürter Kehle, und warte mit zunehmenden Schweißausbrüchen: WANN kommen jetzt die Pfanniknödel?

beschied mir, das sei polemisch, weil man könne Handke nicht mit Mozart vergleichen. Was ja nun auch wieder wahr ist. (Ein Trost ist: In der Werbung werden Komponisten verwurstet, die Dichter geehrt. In der Hochkultur ist's umgekehrt.)

Heute wird die Klassik nicht mehr durch die Werbung unters Volk gebracht. Heute machen das die Handies. Sind Sie schon mal ICE, 1. Klasse gefahren? Da sitzen Sie im Großraumwagen unter 100 Managern. (Natürlich keine Top-Manager. Top-Manager fliegen oder fahren Auto mit Chauffeur. Z. B. Helmut Mehdorn von der Bahn. Aber die kleinen Manager, die noch ganz viel managen müssen, bis sie auch mal Auto fahren dürfen, die reisen im ICE.) Und sie reisen alle mit lap-top und Handy.[7] Wenn dann der Zug endlich abfährt, wissen alle Sekretärinnen (bzw. Ehegattinnen): unser Herr Müller (bzw. mein Schnucki) ist jetzt wieder telefonisch erreichbar, und es setzen von München Hbf bis Augsburg der Reihe nach sämtliche Handies ein: CD #20

Das reinste Klassik-Wunschkonzert.

Also: eine Fest- und Jubelkantate auf Beethovenbasis zum Eurojubiläum! Der alte Schillertext („song of joy") lässt sich natürlich ganz schnell mal auf Euro umstricken. (Das ist kabarettistische Routinearbeit. Das macht man, wie wenn man als Nikolaus bei der Weihnachts-

---

7    Es ist faszinierend, wie unermüdlich Manager von München bis Hamburg in ihre Computer hineinhacken. Ich reise ohne lap-top und ordere in der 1. Klasse lieber ein Frühstück am Platz. Zuzüglich $2 m^2$ Tageszeitung. Wer neben mir am lap-top arbeiten will hat schlechte Karten!

feier den aktuellen Firmenklatsch schnell in Knittelverse pressen muss.)
Wie wär's mit:

> Euro, schöner / Währungsfunken /
> Sohn des Maastrich - / - tér Vertrags /
> Wir betreten / freudetrunken /
> Euroland ganz / ún-verzágt. Un-ser Fi- /
> nánz-mi-nis-ter, dein / stre-en-ger Hüter /
> eint was Geschichte / streng geteilt. Á- /
> -lle Volkswírt-schaf-ten / werden Brüder, wo /
> deine star-ke / Kauf-kraft weilt.

Das mit den Volkswirtschaften holpert noch ein bisschen. Aber bis zum nächsten Euro-Jubiläum kriegen wir das schon geregelt.[8]

Das war jetzt ganz nett, aber musikalisch ist ein bloß umgetexteter „Song of Joy" doch etwas dürftig. Da fehlen noch sozusagen Jubelchor-Einwürfe wie bei Händels Halleluja. Nun wären Hallelujarufe für den Euro vielleicht etwas übertrieben. Aber ein Jubiläum ist ja nichts anderes als ein Geburtstag. Passt vielleicht ein schlichtes Happy Birthday dazu?

CD #21

Also das geht. Aber es gibt immer noch Leute, die beim Euroeinführungsjubiläum weder in Hallelujarufe noch in Gratulationsgesänge ausbrechen, sondern schmerzlich-nostalgisch an den Abschied von der guten alten Deutschmark denken und sich leicht besorgt fragen, ob das mit $n$ Volkswirtschaften in einer ursprünglichen 6er-Gemeinschaft bei stark wachsendem $n$ (Türkei? Ukraine? Kasachstan? China? Am Ende gar noch die Schweiz?!?) unter dem Dach *einer* Währung gut gehen kann. Natürlich, wir haben ja diesen phantastischen Stabilitätspakt, aber ... eben! Am schönsten fand ich ja Griechenland. Die haben einfach jahrelang falsche Haushaltszahlen nach Brüssel gemeldet

---

8    Bei diesem kleinen Scherz bleibt einem (wie sich das für gutes Kabarett ja angeblich gehört) tatsächlich mal das Lachen im Halse stecken. Denn ich appliziere diesen kleinen Scherz erfolgreich seit 3 Jahren und werde ihn, fürchte ich, noch viele Jahre applizieren können.

wie ein Bockwurstbudenbetreiber seinen Bockwurstumsatz ans Finanzamt![9] Jedenfalls, diese Skeptiker singen nicht Happy Birthday, sondern, im Gedenken an den Abschied von der guten alten DM, den alten Schlager: „Auf Wiedersehn, auf Wiedersehn, es war so schön mit dir!"

Passt der für eine proporzkonforme Eurojubiläumskantate (der Beethoven für Europa, „Happy Birthday" für die Optimisten, „Auf Wiedersehn" für die Skeptiker) auch noch dazu? Aber weil das jetzt doch etwas schwierig wird, schlage ich einfach mal so vor: ich spiele auf der CD den Beethoven plus „Auf Wiedersehn". Und Sie übernehmen bitte die Happy-Birthday-Einwürfe, wie sie hier in den Noten stehen. (Nur Mut! Wir machen hier sozusagen Karaoke für Fortgeschrittene. Die Pfeile markieren übrigens Ihre Einsätze.) Und – Musik ab!

CD #22

Falls Sie durchgekommen sind: Bravo!

---

9    Damit soll nicht behauptet werden, die Steuerehrlichkeit eines Bockwurstbudenbetreibers (im folgenden Bbbers) unterscheide sich statistisch nachweisbar von der Steuerehrlichkeit nicht-Bbbender Selbständiger. Im Gegenteil. Die Steuerehrlichkeit eines Bbbers ist noch viel höher zu preisen denn die eines nicht-Bbbenden Selbständigen, da die Zigarrenkistchenkasse (im folgenden Zkk) eines Bbbers fast im Wortsinn eine Blackbox darstellt. Was man von einem Girokonto ja nicht so behaupten kann. Oder, wie Finanzbeamte gerne sagen: Bargeldlos ist leicht ehrlich sein.

Falls Sie Ihren Einsatz verschlafen haben: Na, wo bleiben Sie denn? Sie wären schon längst dran gewesen! Aber „Pisa" zeigte, wir verlernen in Deutschland nicht nur Lesen, Schreiben und Rechnen. Wir verlernen auch das Singen.

Als ich neulich im Auto mit den Kindern (damit die Zeit schneller vergeht) singen wollte, stellte ich fest: die kennen kein einziges Lied! Ich hab den Musiklehrer gefragt, ob heutzutage im Musikunterricht keine Volkslieder mehr dran kämen. Meinte er (leicht gereizt): Selbstverständlich kämen auch heute noch Volkslieder im Musikunterricht dran, aber die würden heute nicht mehr gesungen sondern kritisch hinterfragt. Na, ist doch auch was!

Aber damit Sie (falls das mit dem Mitsingen gerade nicht so geklappt hat) hören, dass das mit allen drei Melodien gleichzeitig wirklich funktioniert, machen wir das jetzt noch ein Mal auf der CD. Sie brauchen jetzt auch nicht mehr mitzusingen. Aber damit Sie die drei Stimmen wenigstens mitverfolgen können, halten wir sie hier auch noch in Noten fest. (Und das Mitsingen, gleich welche der drei Stimmen, ist natürlich nicht verboten!)

CD #23

Hap-py Birth- day to
Auf Wie-der-sehn Auf Wie-der-sehn Auf
Eu-ro schö-ner Währ- ungs-fun-ken John des Maas-trich
You
Wie-der-sehn mit Dir Auf Wie-der-sehn Auf
-ter Ver-trags Wir be-tre-ten freu- de-trun-ken
Hap-py Birth-day to- -o You
Wie-der-sehn es war so schön mit Auf Wie-der-sehn
Eu- ro- land ganz un- ver-zagt. Un-ser Fi- nanz- mi-
Auf Wie-der-sehn es war so schön mit Dir Auf Wie-der-sehn Auf Wie-der-sehn
-nis -ter dein stren-ge- er Hü-ter eint was Ge-schich- te

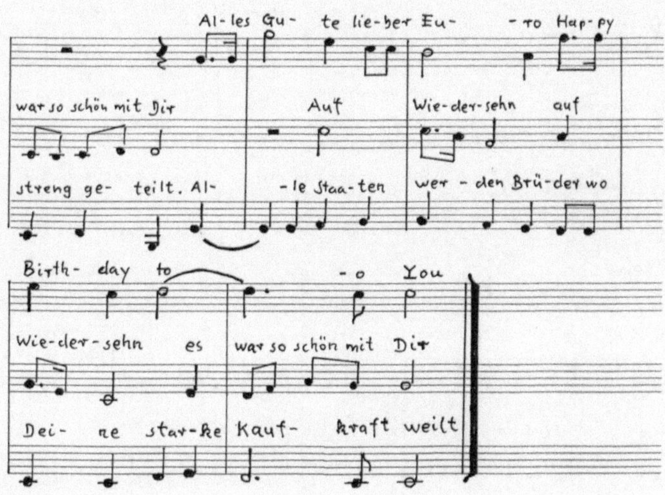


Sie sehen: es geht.[10] Ein Trick dabei, von vielen möglichen Tricks, war: die dritte Melodie wird ab Takt 9 (das ist die schöne Stelle mit dem Finanzminister) in schnelleren Noten notiert, so dass „Auf wiederseh'n, auf wiederseh'n, es war so schön mit Dir" statt 4 nur 2 Takte benötigt. (Wenn ein Thema in exakt halb so langen bzw. doppelt so langen Notenwerten auftritt spricht man vom Thema in der Verkleinerung bzw. in der Vergrößerung.)

Und das war auch schon unsere kleine kontrapunktische Bastelstunde (und eine kleine Reverenz vor dem musikalischen Handwerk.)

---

10  Auf der Bühne bestreite ich hier alle 6 Stimmen (3 eigentliche Melodiestimmen und 3 uneigentliche Begleitstimmen) alleine. (Wobei die Begleitstimmen in Bratschen- und 2. Geige-Lage wirklich nicht viel zu tun haben. Bratsche und 2. Geige haben selten viel zu tun.) Das klingt zwar nicht besonders schön, erfordert aber eine gewisse Konzentration. Diese zirzensische Einlage (1 Kleinkünstler 6-stimmig!!) kann ich hier leider nicht darbieten.

# 9
# Angewandte Mathematik
# oder
# Warum es auf Gran Canaria so schön ist

Vor einigen Jahren gab ich in einem (sehr) kleinstädtischen Jugend-treff einen Kabarettabend für eine Abiturklasse. Nicht mit diesem Pisa-Programm. Es gab einmal glückliche Zeiten, da war Pisa einfach eine Stadt rund um einen berühmten Turm, und beim Stichwort Schule dachte man lächelnd an American Pie, Eis am Stiel, die Feuerzangen-bowle und ähnliche Schulklamotten (Schulklamotten nicht im Sinn von Schuluniformen, sondern von fröhlichen Filmen).

Hinterher saß man natürlich noch bei einem Bier nett beisammen[1] und war natürlich (Abiturklasse) früher oder später immer bei der

---

[1] Das gehört zu den Vorteilen der Kleinkunst. Man muss sich hinterher nicht groß abschminken und umziehen, Tische reservieren und Taxis bestellen; man hüpft nach der letzten Zugabe, so wie man ist, von der Bühne, holt sich ein Glas Wein oder Bier und setzt sich an einen Tisch zu seinen Gästen. Das ist ein effektiver Regel-kreis mit Publikums-Rückkopplung und erdet jegliches forcierte Künstlertum auf für beide Seiten wohltuende Weise.

Frage, was man denn als Abiturient demnächst so studieren würde. Ich war so erschüttert, dass ich mir das damals notiert habe.[2]

12 Knaben.[3] Die 4 cleveren Knaben wollten alle BWL oder VWL studieren, um in der Wirtschaft mal schnell Kohle zu machen. Die 6 Biederen bevorzugten natürlich Medizin und Jura.[4] Und die 2 Idealisten? Investigativen Journalismus.

Das haben die beiden so natürlich nicht gesagt. Solch schwierige Wörter bringt ein deutscher Abiturient heute nicht mehr unfallfrei heraus. Der O-Ton war: „Irgendwie bei die Medien mit Skandale und so." Gemeint war wohl: Bei den Medien Skandale aufdecken. Aber keine Skandale bei den Medien natürlich, sondern Skandale bei den Politikern. Weswegen heutzutage auch jeder Journalist werden will und keiner mehr Politiker.[5]

---

2    Bei einer Abiturklasse ist die Zuschauerzahl ziemlich endlich, so dass man seine Gäste hinterher alle einzeln begrüßen kann. D. h. insbesondere, dass meine Notizen nicht irgendeine statistisch lächerliche Stichprobe vom Umfang 2 darstellen, sondern die gesamte Population erfassten.

3    Im Alltag spricht man von Jungs, oder in Bayern noch, Buben (die Buben werden aber bereits weitgehend durch Jungs verdrängt). Jedenfalls ist „Knabe" nur noch in gehobener Sprechebene üblich, nämlich bei Goethen („sah' ein ~'") und auf Schultoilettentüren. Seltsamerweise gibt es kein Pendant für „Mädchen". Mädchen sind anscheinend immer Mädchen, auf allen Ebenen. Aber irgendwann wird in modernen Schulen statt „Knaben" und „Mädchen" „Macker" und „Tussis" an den Toilettentüren stehen.

4    Das „natürlich" ist in keiner Weise wertend sondern meint lediglich, dass man in einer hoch entwickelten, arbeitsteiligen postindustriellen Gesellschaft Mediziner und Juristen natürlich immer gut brauchen kann.

5    Denn kritisieren ist seliger denn Verantwortung tragen. Da kommt, wenn man sich die jeweilige Nachwuchssituation betrachtet, ein echtes Problem auf uns zu. Nach jahrzehntelangen vereinten Bemühungen von Kabarettisten und Journalisten, von Intellektuellen wie dem Mann auf der Straße (leider auch unter tatkräftiger Mithilfe mancher Politiker) ist das Ansehen des Berufsstandes Politiker in der Gegend des notorischen Gebrauchtwagenhändlers gelandet. Das ist schade. Und schädlich. Denn eigentlich gäbe es in einer res publica nichts Erstrebenswerteres und Ehrenvolleres. Jedenfalls, wenn der Sohn als Berufswunsch „Politiker" äußert, ist man als Vater i. a. not amused und redet ihm gut zu, ob er nicht doch lieber Jurist oder Mediziner werden möchte. Oder *wenigstens* Lehrer!! (Aber das ist ein anderes Kapitel.)

Dann die 9 Mädchen. Bei den 3 Cleveren wollte die hübsche Blonde natürlich Model werden. Und die beiden nicht-ganz-so-Hübschen wollten entsprechend „nur" auf die Schauspielschule. Tja, wenn's zum Model nicht reicht, muss man eben Kunst machen![6] Aber nicht Fausts Gretchen (auch nicht Ibsens Nora) war ihre Traumrolle, sondern „irgendwas bei Marienhof". Immerhin eine Qualitätsseifenoper auf der ARD.[7]

Die 3 Biederen wollten alle 3 Medizin studieren (2 × Zahn, 1 × Kinder). Und von den 3 Idealistinnen waren 2 abenteuerlustig und wollten „irgendwas bei Green-Peace" machen.[8] Die eher Bodenständige wollte Tiermedizin studieren. Auf meine sachliche Frage: „Groß- oder Kleintierpraxis?" kam die ehrliche Antwort: „Wieso? Hunde und Katzen natürlich." Dass Tierärzte vor allem dazu da sind, dafür zu sorgen, dass die Schweine beim dick werden nicht der Schlag trifft (eigentlich auch die vornehmste Aufgabe der Humanmedizin, würde ich mal so ganz persönlich sagen), das wusste sie scheint's nicht. Aber anscheinend gibt es in und um München keine Bauern mehr. Jedenfalls alle ihre Väter arbeiteten als Techniker, Ingenieure (Software, Hardware und auch *richtige* Hardware: Anlagen-, Maschinenbau, Kältetechnik, Hubschrauber) und Naturwissenschaftler. Und kein einziger Abiturient im Lande von Daimler und Benz, Diesel und Bosch, Röntgen und Siemens, Liebig und Kekulé, Bayer und Koch, Bunsen und Brenner, Villeroy und Boch – na die letzteren jetzt eher nicht – jedenfalls kein einziger sagte mit leuchtenden Augen: Ich will auch mal Maschinenbauer werden wie mein Papa. Oder Starkstromingenieur. Oder wenigstens Schwachstromtechniker! Nichts, gar nichts! Und ich frage mich besorgt: sollten der Lachsack und der Schwimmflügel wirklich die zwei letzten bedeutenden Innovationen aus Deutschland gewesen sein?

---

6  Was glauben Sie, warum ich auf der Bühne gelandet bin?

7  Und wenigstens nicht die Lindenstraße.

8  Als Vater freut man sich schon auf die Perspektive: man hat die Tochter glücklich durchs Abitur gelotst, frägt sie erleichtert: „Na, und was sind jetzt deine beruflichen Pläne, mein Kind?" und sie antwortet: „Weiß nicht. Vielleicht irgendwas bei Green-Peace. Und so." Ist der Pandabär eigentlich mittlerweile gerettet?

Ja, und dann habe ich noch ganz beiläufig in die Runde gefragt (als kleines Privat-Pisa und ganz harmlos: nur Naturkunde), ob mir einer erklären kann, warum es eigentlich im Sommer warm ist und im Winter kalt. Ich berichte Ihnen darüber natürlich *nur* zu Ihrer bildungspolitischen Information und Motivation. Denn *Sie* wissen natürlich, warum es ... Könnten Sie das Buch mal kurz aus der Hand legen und kurz und prägnant, ohne lang herumzufaseln, erklären, warum es eigentlich im Sommer ...?

Also: Warum ist es im Sommer warm und im Winter kalt? Die erste Antwort von 21 Abiturienten mit Hochschulreife: „Eigentlich ist es ja im Winter gar nicht mehr so richtig kalt."[9] Ganz schön clever! Klimakatastrophe. Ozonloch. Treibhauseffekt. Jahrhunderthochwasser. Jahrhundertsommer. Jahrhundertwinter (März 05). El Niño. DIE GLETSCHER!! Die Welt geht unter, und ich stelle hier kleinliche Sachfragen! Das können Jugendliche heute sehr gut: mit einer unerwarteten Gegenattacke den naturwissenschaftlichen Fragesteller ganz unerwartet moralisch ins Abseits drängen.

Ich habe einen 5-jährigen Neffen, der zeitgemäß erzogen wird. Also ohne Vater. Jedenfalls tut er dauernd irgendwas, was er besser nicht täte. Wenn ich dann auf dem Spielplatz nach drei vergeblichen Aufforderungen beim vierten Mal endlich meine pseudo-liberale Maske fallen lasse und (mit gerade noch kontrollierter Stimme) die wüste Drohung ausstoße: „Wenn du ... wenn du jetzt noch *ein* Mal mit Steinen nach anderen Kindern schmeißt, dann ... dann ... dann kriegst du eins auf den Popo!" Wissen Sie, was der sagt? Er schaut mich an wie ein gerissener Verteidiger, der den Staatsanwalt gerade bei einem groben Verfahrensfehler erwischt hat und sagt grinsend: „Erwachsene dürfen keine kleinen Kinder haun, hä-hä." Er kennt keine Grenzen. Aber er kennt seine Rechte!

---

9    Die letzten Winter waren ja wirklich alle ziemlich mau. Und da am 1. März meteorologisch der Frühling beginnt, kann diese Aussage bezüglich der letzten Winter, trotz des ziemlich kalten und schneereichen März 2005, sogar auf den Winter 04/05 ausgedehnt werden.

Aber ich lasse moralische Anwürfe ungerührt an mir abgleiten und insistiere ungerührt auf meiner möglicherweise unkorrekten Sachfrage:[10] Warum ist es im Sommer warm und im Winter kalt? Die zweite Antwort von 21 Abiturienten mit Hochschulreife: „Umgekehrt wär's ja Schmarrn." Erst denkt man amüsiert: „Holla, ein Schlauberger, der will mich hier logisch[11] austricksen." Bis man erschüttert feststellt: Der meint das ernst. Der hat die Frage gar nicht verstanden. Der ist vom faustischen Erkenntnisdrang, was denn die Welt im Innersten zusammenhält, völlig unbeleckt. Vermutlich denkt er sich gerade über mich: So ein Trottel. Natürlich ist es im Sommer warm. Wie sonst?

Zwei kreative Antworten gab's dann natürlich auch noch, die ich selbstverständlich und fairerweise auch erwähnen muss. Die erste: „Im Sommer ist die Erde näher an der Sonne." Also, diesen Ansatz sollten wir jetzt besser nicht vertiefen, da kann ich nur warnen. Denn die Erde – na ja – „umkreist" die Sonne, aber wenn wir schon die Entfernung Erde-Sonne als Ursache erwägen: die Sonne steht eben *nicht* im Mittelpunkt eines Kreises – sondern? In einem der zwei Brennpunkte einer Ellipse. Hab' ja gleich gesagt: das wird schwierig, da sollte man besser die Finger von lassen. Jedenfalls, am weitesten ist die Erde von der Son-

---

10  Wenn man will, ist fast jede Sachfrage letztlich politisch unkorrekt. Und mitunter will man auch.

11  Genauer: tautologisch, d.h. es liegt auf der Hand, ohne dass ich irgendein Wissen investieren muss. Die umgangssprachlichen Wendungen sind da nicht so genau. Auf die Feststellung „1 + 1 = 2" könnte man gut mit „logisch" reagieren. Bei „ $\sqrt[5]{243} = 3$ " wird kaum einer mit „logisch" antworten. Aber beide Erkenntnisse erfordern rechnerisches Wissen. Insofern ist das erste „logisch" nicht ganz logisch (sondern eine Umschreibung für: ist doch kinderleicht). Aber auch wenn diese alltäglichen Wendungen nicht ganz genau sind, dafür sind sie oft ganz knackig und witzig. Etwa ein pathetisches „Wie sonst?". Ist doch logisch! (kurz: logo) Eh klar! (bayerisch) Sach! (nicht-bayerisch, sondern eine Verkürzung von norddeutsch: nun sag aber auch!) Mach Sachen! Hört, hört! Teufel aber auch! Am schönsten ist das jiddische „nona", gefolgt von einer phantasievoll-spöttischen Paraphrase des Gegenteils. Standardbeispiel: Ein Mann sprintet auf den Bahnsteig, aber der Zug fährt ihm buchstäblich vor der Nase davon. Der Mann stiert ihm schwer atmend und finster hinterher. Ein Passant, mitleidig: „Haben Sie den Zug versäumt?" Der Mann (leicht unwirsch): „Nona, verscheicht werd' ich ihn ham!" Nona-Witze sind ein wunderschöner Einstieg in die elementare Logik.

ne entfernt – nicht im Winter – sondern, Sie werden lachen, mitten im Sommer. (Am 2. Juli! Im Lexikon unter Aphel nachschlagen.) Das kann's also nicht sein.

Und die zweite kreative Antwort war: „Im Sommer sind die Tage länger." Nicht schlecht! Ist was dran. Aber natürlich wirft sich da umgehend die Frage auf: Ja *warum* sind sie denn länger, die schönen Sommertage? Aber, wie schon ein Mal festgestellt, faustisches Auf-den-Grund-gehen ist nicht mehr all zu verbreitet. Und vor allem: der entscheidende Punkt kann das auch nicht sein. Denn am Nordpol sollen ja im Sommer die Tage bekanntlich *sehr* lang sein.[12] Mitunter sogar monatelang! Trotzdem wurde noch nie beobachtet, wie ein Eskimo in der Badehose einem schwitzenden Eisbären mit der Harpune in der Hand hinterher rennt. Das kann's also auch nicht sein.

Und an dieser dramatisch so zugespitzten Stelle (die Spannung ist fast unerträglich: *das* ist es nicht, *das* ist es auch nicht, was ist es dann?!) kann man etwa im Kabarett mit dem Vorschlag: „Und jetzt würde ich mit Ihnen am liebsten tischweise kleine Arbeitsgruppen bilden und Ihre Lösungsansätze im Zugabenteil mit Ihnen durchdiskutieren!" immer große Heiterkeit erregen. Aber gutes Kabarett soll ja bekanntlich Denkanstöße vermitteln. Deswegen lassen wir das hier mal kurz so stehen: Das (Entfernung von der Sonne) ist es nicht. Das (längere Tage) ist es auch nicht. WAS ist es dann?

---

12  Gemäß deutschem Liedgut gelten ja, insbesondere für uns Süddeutsche, bereits die Nächte in Hamburg („In Hamburg sind die Nächte lang") und in Berlin-Kreuzberg („Kreuzberger Nächte sind lang") als besonders lang. Dieser Nordlichter(!)-Effekt lässt sich aber noch deutlich steigern, touristisch gesehen etwa mit: Kopenhagen, St. Petersburg, Tromsø, Longyearbyen, Nordpol (mittlerweile per Hubschrauber auch für Halbschuh-Touristen – aber unbedingt lange Unterhosen! – erreichbar).

## NACHTRAG I

– für Nichtbescheidwisser und

– für alle, die wissen wollen, warum sie eigentlich im Urlaub dahin fliegen wo sie hinfliegen

Also, die Entfernung der Erde zur Sonne und die Länge der Tage sind nicht der entscheidende Grund dafür, dass es im Sommer warm ist und im Winder kalt. Wenn Sie rausbekommen wollen, was der *eigentliche* Grund ist, ein kleiner Tipp: Warum fliegen wir im Winter gerne (i. a. und wenn wir's uns leisten können) in den Süden, aber nicht gleich zum Äquator?

Und um das herauszufinden, fliegen wir gleich mal zum Äquator, stellen uns auf denselben, Blickrichtung Norden, und greifen uns jetzt 1 m über dem Boden und ½ m vor uns bzw. ½ m hinter uns je ein Lichtteilchen, markieren das erste mit einem grünen Schleifchen, das zweite mit einem roten Schleifchen ... Sie schauen so zweifelnd? Das ist natürlich nur ein Gedankenexperiment. An deutschen Gymnasien werden im Physikunterricht vorzugsweise Gedankenexperimente ausgeführt.[13]

Aber weil das doch eine ziemlich komplexe Versuchsanordnung darstellt, habe ich wieder einmal eine meiner aufwändigen[14] Graphiken vorbereitet:

---

13  Erstens kosten Gedankenexperimente nichts. Und zweitens muss der arme Physiklehrer nicht an seinem freien Nachmittag im Physiksaal herumrödeln und komplizierte Versuche aufbauen. (Die dann am nächsten Tag doch nicht funktionieren.)

14  Aufwändig mit ä weil man viel Zeit aufwenden muss. Aber mit ä statt e klingt aufwändig wirklich dramatischer. (Der aggressive Klang von „ä" klingt fast schmärzend!)

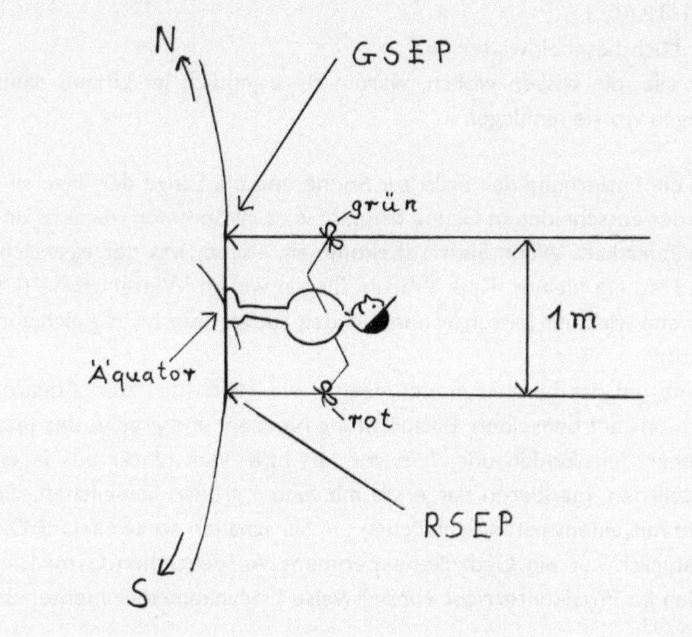



(Da sitzt man nächtelang an seinem PC, entwickelt aufwändige[14] Graphiken, und Sie belächeln das nur!) Also das ist die Situation. Jetzt lassen wir die beiden markierten Teilchen gleichzeitig los, sie düsen mit Warp 1 zu Boden ... Sie wissen noch, was Warp 1 ist? Grundkurs Physik im Deutschen Fernsehen: Raumschiff Enterprise. Da lernten Jugendliche jahrelang, dass Lichtteilchen mit einfacher Lichtgeschwindigkeit spazierenfliegen,[15] während Raumschiffe (z. B. die Enterprise) locker mit z. B. 39-facher Lichtgeschwindigkeit (Warpfaktor 3 $\triangleq$ 39 Cochranen) durchs All düsen.[16] (Das mit den Warps und Cochranen ist

---

15  Für Leser, die mit onomatopoetisch erweiterten Comic-Strip-Texten groß geworden sind: brm brm brm.

16  Für Leser, die mit onomatopoetisch erweiterten Comic-Strip-Texten groß geworden sind: huiiii!

schwierig, vgl.: Die Technik der U.S.S. Enterprise – Das offizielle Handbuch, Heel-Verlag. Viel Spaß mit der Subraumfeldbelastung!)

Und die 39-fache Lichtgeschwindigkeit ist so etwas ähnliches wie die zehnte Potenz bei den Homöopathen: nur sehr schwer nachweisbar.[17]

Also: wir lassen die beiden markierten Lichtteilchen los, die düsen jetzt mit einfacher Lichtgeschwindigkeit (was ja auch schon ganz schön flott ist) zum Boden, und ich frage Sie: „Wie groß ist der Abstand zwischen dem Grünes-Schleifchen-Einschlags-Punkt (GSEP) und dem Rotes-Schleifchen-Einschlags-Punkt (RSEP)?" Nun, wenn der Abstand zuvor 1 m war (siehe Abb.) dann ist er nachher ...? Richtig, auch 1 m. Die, die jetzt mit der Antwort gezögert haben, wollten sicher noch die Erdkrümmung berücksichtigen. Oder Sie dachten sich, bei meiner (in der Abbildung dezent angedeuteten) Figur ist gemäß Einstein der Raum um mich herum gekrümmt. Aber das vernachlässigen wir jetzt.[18]

Das waren jetzt also 2 Lichtstrahlen am Äquator. Jetzt gehen wir in unserem (Gedanken-) Experiment vom Äquator (1) weiter nach Norden, etwa nach Deutschland (2), weiter zum Nordpol (3)

---

17  Eine schwierige Stelle, da die eine Hälfe der Menschheit weiß, was die Lichtgeschwindigkeit, die andere Hälfte, was die 10. Potenz bei den Homöopathen ist. Nur wer (wie ich, der ich als studierter Naturwissenschaftler mit einer homöopathietreibenden Ehefrau geschlagen bin) in *beiden* Welten lebt, versucht (vergeblich) diese beiden Welten zu versöhnen. (Mit einer vereinheitlichten Theorie der Globuli.) Aber bei den Kindern hilft's. Und ab der 10. Potenz kann's jedenfalls nicht schaden. (Was auch schon sehr positiv ist!)

18  Ich bin überzeugt, wenn man die Erdkrümmung (macht den Abstand von GSEP zu RSEP etwas länger) gegen die Raumkrümmung (lenkt die 2 Lichtstrahlen nach innen ab und macht den Abstand von GSEP zu RSEP wieder kürzer) aufrechnete, käme wieder ganz genau 1 m heraus. Bin aber noch nicht dazu gekommen nachzurechnen. (Für relativistisch versierte Leser, die das überprüfen wollen: meine träge Masse von 100 kg hat ihren Massenschwerpunkt ca. 100 cm über der Erdoberfläche.)

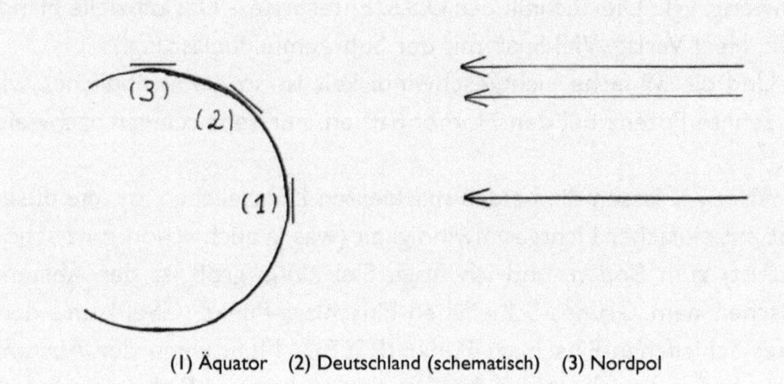

(1) Äquator   (2) Deutschland (schematisch)   (3) Nordpol

und wieder zurück in die Mitte, genau dahin, wo die Erde sozusagen 45° Steigung hat und mit 45° zu den Sonnenstrahlen steht. Da sieht die Sache dann so aus:

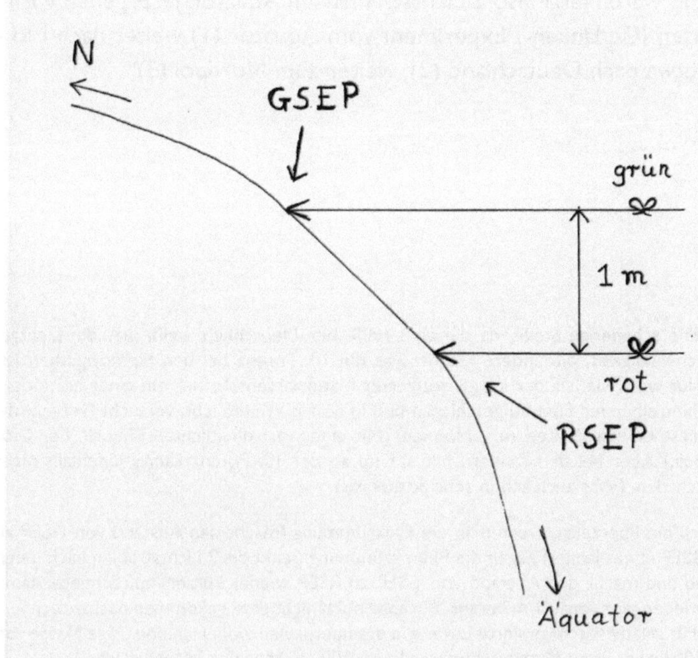

Und ich frage Sie: wie groß ist *jetzt* der Abstand zwischen Grünes-Schleifchen-Einschlags-Punkt GSEP und Rotes-Schleifchen-Einschlags-Punkt RSEP? Richtig, jetzt ist es kein Meter, sondern irgendwie länger. Und das kann man sogar, auch ohne große Mathematikkenntnisse, ganz genau rauskriegen. Passen Sie auf! Eine Treppe hat 45° Steigung wenn die Stufen so hoch sind wie sie tief sind.

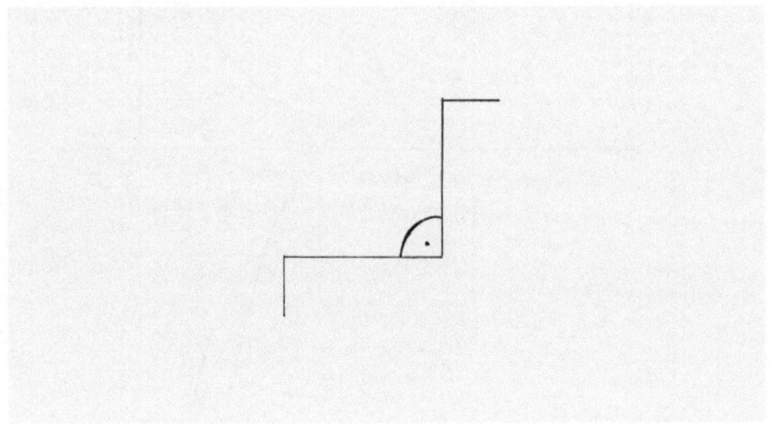

Und mit dieser 45°-Steigungsgerade haben wir auf unserer Treppe plötzlich ein Dreieck mit 90° im Treppenwinkel. Und was fällt einem einigermaßen informierten Schüler und sogar jedem Erwachsenen (auch wenn seine Erinnerung an die letzte Mathematikstunde noch so verblasst ist) beim Stichwort „rechtwinkliges Dreieck" ein?[19] Der Pythagoras!

---

19   Etwa so, wie bei Pawlows Hund bei Klingelzeichen der Speichelfluss eintritt.

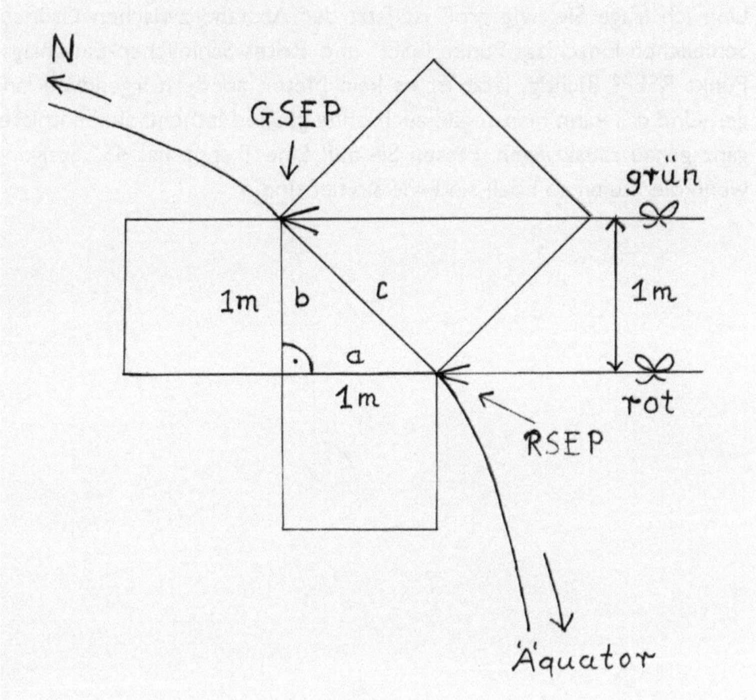


$a^2 + b^2 = c^2$. Nach $E = mc^2$ die zweitberühmteste Formel der Welt.[20] Natürlich gilt „der Pythagoras" nicht immer und automatisch. Wenn Sie etwa für $a$ die Hypothekenrate für Ihre Reihenhaushälfte, für $b$ Ihren Krankenkassenbeitrag und für $c$ Ihr Netto-Einkommen einsetzen, dann gilt er vermutlich nicht.[21] Aber wenn $a$ und $b$ bzw. $c$

---

20  Daraus folgt jetzt nicht unbedingt $E = m \cdot a^2 + m \cdot b^2$ (Weltformel nach Pythagoras – Einstein).

21  Und wenn er gälte, hätten Sie ein echtes Problem mit Ihrer Bank, da etwa $3 + 4 = 7 > 5 = \sqrt{3^2 + 4^2}$.

die Längen der beiden kürzeren bzw. der langen Seite[22] eines rechtwinkligen Dreiecks angeben, dann stimmt er, der Pythagoras. Und wir erhalten

$$c^2 = a^2 + b^2 = 1^2 + 1^2 = 1 + 1 = 2$$

Und damit $c = \sqrt{2} = 1,4$ und paar Zerquetschte. (Bitte mit Taschenrechner überprüfen.[23])

Vorhin, am Äquator, hatten wir also 1 m Abstand. Jetzt sind es immerhin gut 1,4 m. Wenn Sie also in Ihrem nächsten Winterurlaub nach, sagen wir mal, Gran Canaria fliegen und Ihr Kollege im Büro fragt Sie: „Wieso Gran Canaria?", dann sagen Sie jetzt bitte nicht mehr naiv-unwissend-achselzuckend, da flöge man halt so hin im Winter,[24] sondern antworten Sie ganz selbstverständlich und gelassen (mit einem Wort: cool): „Weil da der Sonnenstrahlen-Einschlagspunkte-Distanz-Dehnungskoeffizient gleich $\sqrt{2}$ ist." Und wenn er Sie dann leicht verstört anguckt, dann verweisen Sie ihn auf die folgende Abbildung, oder noch schöner, sagen Sie ganz freundlich *[wobei Ihre linke Handfläche der Reihe nach die Erdoberfläche am Äquator (senkrecht), in der Mitte (45°) und am Nordpol (waagrecht) darstellt und Ihr rechter Zeigefinger höchst dynamisch aus dem All einschlagende Sonnenstrahlen simuliert]*: „Na ist doch

---

22  Das ist die – Sie erinnern sich? – Hypotenuse. Dieses Wort braucht man im Alltag eher selten. Aber besitzt „Hypotenuse" nicht eine gewisse geheimnisvolle Magie? (Etwa im Gegensatz zu Hype oder Hypothekenbank)

23  Kenner machen das mit dem Rechenschieber und kommen dann eben auf das Ergebnis 1,4 und paar Zerquetschte. Richtige hard-core-Mathematiker aber rechnen das zu Fuß, siehe im Lexikon unter: Babylonisches Wurzelziehen.

24  Oder: „Weil man da Justus Franz auf seiner Finca besichtigen kann."

klar! Äquator: *[5 Sonnenstrahlen eng beisammen]* 1, 2, 3, 4, 5. Nordpol: *[1 Sonnenstrahl drüber weg]* daneben. Gran Canaria: *[2 Sonnenstrahlen in angemessener Distanz]* 1, 2. So macht Urlaub Spaß![25, 26]

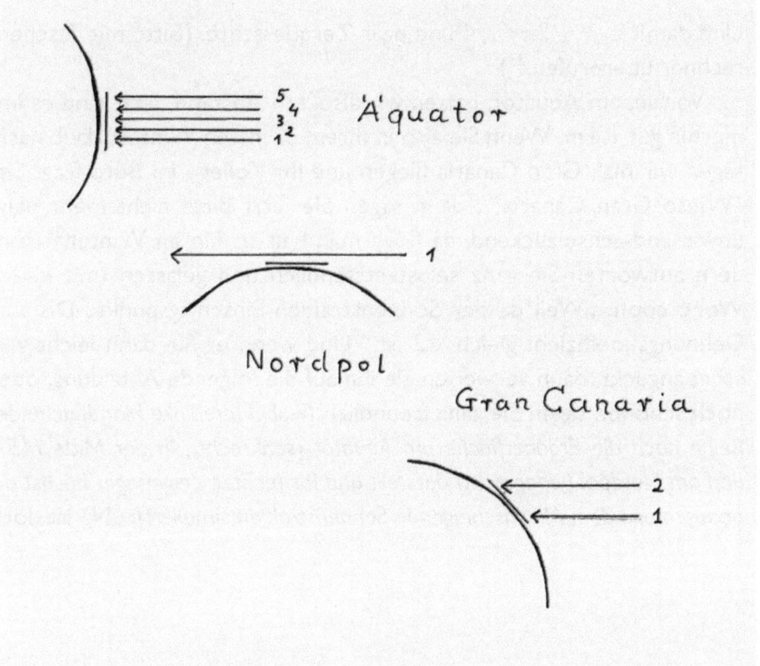


---

25   Schönere und noch verblüffendere Textvariante für Leser, die mit onomatopoetisch erweiterten Comic-Strip-Texten groß geworden sind: „Na ist doch klar! Äquator: ding-ding-ding-ding-ding. Nordpol: zoing. Gran Canaria: ding-dong. So macht Urlaub Spaß!"

26   Das Beispiel Gran Canaria (das hier nur ganz grob und ungefähr als Konkretisierung für „nach Süden, aber nicht gleich zum Äquator" steht, stimmt genauer, wenn Sie Ihren Winterurlaub rund um den 15. Januar legen. Denn da Gran Canaria ungefähr auf 28° Nord liegt und die Erdachse mit ca. 67° gegen die Ekliptik geneigt ist, gilt: $90 - 67 = 23$, $28 + 23 = 51$, $51 - 45 = 6$. Und wegen $\frac{1}{4} \cdot 365 \approx 91$ folgt: $6 \cdot \frac{91}{23} = \frac{546}{23} \approx 24$. Also: 22. Dez. + 24 = 31. Dez. + 15 = 15. Jan. Wenn Sie das jetzt *nicht* ganz verstanden haben, müssen Sie jetzt leider auch noch Nachtrag 2 durcharbeiten.

Bescheidwisser (vgl. nächster Abschnitt) werden sicher darüber Bescheid wissen, dass entgegen den schönen Bildchen in diesem Kapitel die Lichtstrahlen am Äquator i. a. nicht senkrecht auftreffen. Aber auch in der Didaktik gilt die Weisheit: divide et impera. So stiftete ein zusätzlicher Hinweis unter der ersten Abbildung (die mich, mit Baseball-Kappe auf dem Äquator stehend, zeigt): „Diese Abbildung gilt natürlich nur am 21.3. und am 23.9. um 12.00 Ortszeit" nur zusätzliche Verwirrung. Und deswegen lassen wir das einfach mal so stehen. Der entscheidende Punkt war, dass die Erwärmung der Erdoberfläche von der Strahlungsdichte abhängig ist, was übrigens auch ohne Geometrie sinnlich erfahrbar ist. Auf angenehme Weise: an der nördlichen Grenze des Weinbaus (z. B. in Deutschland) pflanzt man die Weinstöcke vorzugsweise auf steile Südhänge und gerät damit strahlungsdichtetechnisch auf Breitengrade a la Bordeaux, wo der Wein auch in der Ebene genügend Öchsle entwickelt. Auf unangenehme Weise: halten Sie sich beim nächsten Sonnenbad eine Lupe vor den Bauch!

## NACHTRAG 2
– für Bescheidwisser und
– für alle, die es jetzt endlich mal ganz genau wissen wollen

Bescheidwisser trommeln sicher schon seit einigen Minuten mit ihren Fingern gereizt auf der Tischplatte, und deswegen sei es jetzt schleunigst nachgereicht: Natürlich ist die *Ursache* für den Wechsel der Jahreszeiten die Tatsache, dass die Rotationsachse der Erde um ca. 23° zur Senkrechten auf der Ekliptik geneigt ist. Aber erstens verstehen die meisten bei dieser sachlichen Mitteilung erst mal nur Bahnhof. Und zweitens, was davon einmal, etwa im Erdkundeunterricht, verstanden wurde, ist meistens etwa so hängen geblieben: „Also die Erde ist ja irgendwie schief, ja, und im Sommer, da ist die Erde mehr so zur Sonne hingeneigt, ja, so geneigt, und deswegen ist es dann natürlich auch wärmer. Im Sommer." (Wobei das Wort „natürlich" eine etwas diffuse Begründung verschleiert, die auf die durchaus richtige Erfahrung zurückgeht: wenn ich vor der Heizung sitze und mich hinneige, wird mir oben rum wärmer.)

Kabarett, so wurde einmal definiert, sei die blitzartige Erhellung unvermuteter Zusammenhänge. Und dass unsere Vorliebe für südliche (aber nicht zu südliche) Urlaubsziele[27] mit dem Pythagoras zusammenhängt, ist für nicht-mathematisch-Vorbelastete sehr unvermutet (und deswegen auch erfrischend-heiter). Die blitzartige Erhellung beim schauspielerischen Höhepunkt dieser kabarettistischen Naturkunde (die linke Hand zeigt pantomimisch die unterschiedlichen Anstellwinkel von 90°, 45° und 0°, während der rechte Zeigefinder die resultierende unterschiedliche Strahlungsdichte pantomimisch darstellt) – diese blitzartige Erhellung aber erhellt (hoffentlich) ein für allemal: der *eigentliche Grund* für die unterschiedliche Erwärmung auf der Erde ist die unterschiedliche Dichte der eintreffenden Strahlung abhängig vom jeweiligen Anstellwinkel.

Das also ist der (wie ich aus statistisch nicht erhärteten, aber umso erschütternderen Meinungsumfragen unter Schülern und Erwachsenen schließen muss) nicht allzu bekannte Grund für die unterschiedliche Erwärmung. Die zweite Frage ist die Frage nach der *Ursache* für den unterschiedlichen Anstellwinkel in Sommer und Winter. Und jetzt kommen die ominösen 23° und die Ekliptik ins Spiel, weswegen alle Bescheidwisser jetzt zum nächsten Kapitel springen dürfen.[28] Aber alle, die die unwiederbringliche Chance nutzen wollen, endlich mal ganz genau zu verstehen, wie das mit Sommer und Winter funktioniert, die mögen diesen Nachtrag bitte zu Ende lesen.

Die Erdachse ist eine gedachte Linie[29] durch die ganze Erde (die auch durch den Erdmittelpunkt gehen sollte, sonst eiert's). Die Erde wandert im Laufe eines Jahres um die Sonne. Damit gibt es eine Bahnebene (das ist die berühmte Ekliptik): die Ebene durch die Bahn der

---

27    Gilt zunächst nur für Urlaubsziele auf der Nordhalbkugel. Wer auf die Südhalbkugel will, sollte aber erst recht südlich aber nicht *zu* südlich reisen.

28    Für ältere Bescheidwisser mit Algol-Kenntnissen: *go to* Kapitel 10.

29    Die Betonung liegt auf „gedacht". Am Nordpol guckt keine Eisenstange aus der Erde, die man ab und zu mal nachölen muss, sonst quietscht's. Auf solche Vorstellungen kann man durchaus treffen.

Erde und die Sonne (genauer: die Bahn des Erdmittelpunktes und den Sonnenmittelpunkt[30]). Die beiden Pole sind die einzigen beiden Punkte der Erdoberfläche, die sich nicht drehen oder besser (da sich ein einzelnes Konfetti durchaus drehen kann), die keine Kreisbahn beschreiben.[31] Die Drehachse der Erde läuft durch die beiden Pole, steht aber nicht senkrecht auf der Bahnebene (wie man eigentlich von einem ordentlichen Planeten erwartet). Wenn wir uns jetzt noch eine Achse durch den Erdmittelpunkt *senkrecht* zur Ekliptik denken, dann bilden diese beiden Achsen einen Winkel von ca. 23°.[32]

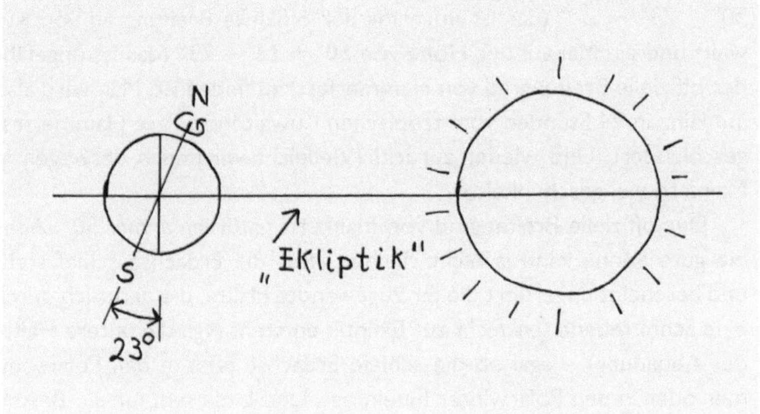


---

30  Falls ein Bescheidwisser doch weiter gelesen hat – ganz genau: durch die Bahn des Erdschwerpunktes um den Schwerpunkt der Sonne. Aber so genau wollen wir's auch nicht wissen.

31  Wenn Sie sich 1 m *neben* den Nordpol stellen und 24 Stunden stehen bleiben (Tun Sie's nicht. Es ist langweilig. Und saukalt.), beschreiben Sie eine Kreisbahn von etwa 6,28 Metern. Wenn Sie sich *auf* den Nordpol stellen, drehen Sie sich einmal um sich selbst, aber beschreiben keinen Kreis. Aber über die scholastische Frage, ob sich ein Punkt drehen kann, wollen wir hier nicht streiten. Das führt zu keinem Ende.

32  Gesprochen: Dreiundzwanzig Grad. Hat nichts mit der Waschmaschine zu tun („Buntwäsche bis 30°"). Das ist das Winkelmaß. Vieleicht erinnern Sie sich an Ihren Winkelmesser aus der Schulzeit. Rechter Winkel = 90°. Auf kariertem Papier: ein Kästchen rechts, ein Kästchen hoch = 45°. 23 ist *etwa* die Hälfte von 45. Die Erdachsneigung ist also immerhin ungefähr ein viertel rechter Winkel.

Die Drehachse ist also geneigt. Nicht „die Erde". Wenn man die Erde aus einem Raumschiff sieht, sieht man eine wunderschöne geheimnisvolle blau-weiße Kugel.[33] Und eine Kugel ist eine Kugel ist eine Kugel. Und „steht" jedenfalls „nicht schief".[34]

Wenn wir jetzt auf unserer Erdkugel etwa die schöne Stadt Mainz betrachten (erstens weil Mainz wirklich eine schöne Stadt ist und zweitens weil Mainz ziemlich genau auf 50° nördlicher Breite liegt und 50 eine schöne runde Zahl ist, mit der sich leichter rechnen lässt als etwa mit 48° 08′ 15″ für München), so stellen wir fest, dass Mainz (vgl. die nächste Abbildung) ein Mal in 24 Stunden auf der Höhe von $50° - 23° = 27°$ (das ist ungefähr der offizielle Breitengrad von Kuwait) und ein Mal auf der Höhe von 50° + 23° = 73° (das ist ungefähr der offizielle Breitengrad von Hammerfest) zu finden ist. Man wird also in Mainz in 24 Stunden vom tropischen Kuwait ins polare Hammerfest geschleudert. Und wieder zurück! (Vielleicht wird auch deswegen in Mainz so viel geschunkelt.)

Der offizielle Breitengrad von Mainz ist natürlich *immer* 50°. Aber die gute Sonne kann ja nicht riechen, dass die Erdachse schief steht und bescheint ungerührt die ihr zugewandte Hälfte, die natürlich durch eine Schnittebene *senkrecht* zur Ekliptik entsteht (vgl. die untere Hälfte der Abbildung) – egal ob die schiefe Erdachse jetzt in den Polarsommer oder in den Polarwinter hineinragt. Und in diesem für die Besonnung relevanten „Koordinatensystem" senkrecht zur Ekliptik wandert die de-facto-Lage von Mainz um 12.00 Mittag im Laufe des Jahres vom Tiefststand (27° am 22. Juni) zum Höchststand (73° am 22. Dezember) und wieder zurück. *Das* ergibt die Jahreszeiten.

---

33  Bescheidwisser sehen ein wunderschönes geheimnisvolles blau-weißes Rotationsellipsoid. Das blau-weiß hat leider nichts mit Bayern zu tun.

34  Es wäre interessant, was Parmenides zu einer „schiefen Kugel" sagen würde.

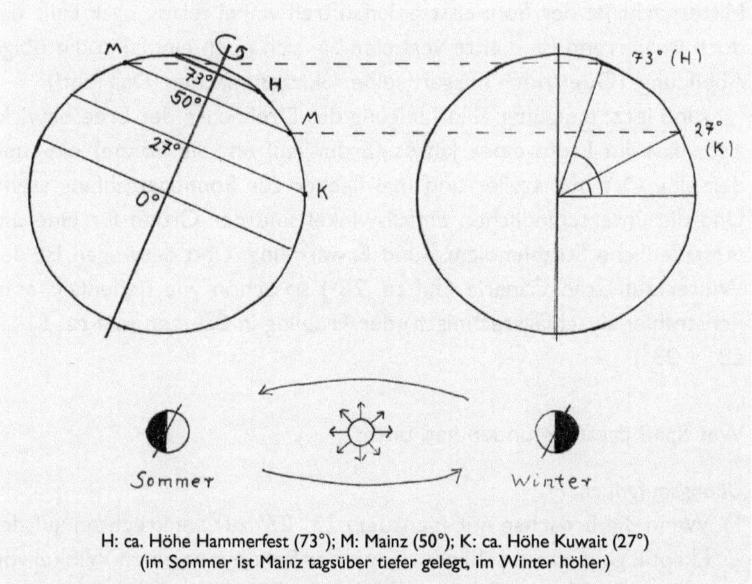



H: ca. Höhe Hammerfest (73°); M: Mainz (50°); K: ca. Höhe Kuwait (27°)
(im Sommer ist Mainz tagsüber tiefer gelegt, im Winter höher)

Deswegen hat aber Mainz genau am 22. Juni um 12.00 eine Sonneneinstrahlung wie normalerweise in Kuwait (ab 12.01 wird's aber schon
wieder etwas kühler). Und am 22. Dezember herrschen um 12.00 Be-
sonnungsverhältnisse wie normalerweise in Hammerfest[35] (ab 12.01
wird's auch wieder wärmer). Aber *auch* am 22. Juni, am Kuwait-Tag,
gerät Mainz für eine Sekunde auf die Höhe von Hammerfest. Und am
22. Dezember, dem Hammerfesttag, für eine Sekunde auf die Höhe
von Kuwait. Aber das passiert jeweils genau um Mitternacht, und um

---

35 „Normalerweise", weil ja im Sommer um 12.00 Kuwait auch um 23° südlicher gerät
(und Hammerfest im Winter um 23° nördlicher). Sie brauchen also nicht aus Mainz
wegzuziehen. Im Sommer ist es in Kuwait immer noch wärmer als in Mainz (und im
Winter in Hammerfest kälter). „Normalerweise" bezieht sich auf die „offiziellen"
Breitengrade, die für die Sonneneinstrahlung am 21. März und am 23. September
auch de facto gelten. (Strahlungsverhältnisse *zwischen* den Extremständen: Frühling
und Herbst. Sozusagen das Jahresdurchschnitts-Klima). Oder auf einer Erdkugel mit
senkrechter Drehachse (konstantes Klima ohne Jahreszeitenwechsel).

Mitternacht ist der Sonnenstrahlenauftreffwinkel relativ egal. Falls das doch verwirrend ist – bitte vertiefen Sie sich noch einmal in die obige Abbildung. (Oder noch besser: selber Skizzen machen. Das hilft!)

Und jetzt endgültig: Die Neigung der Drehachse der Erde bewirkt also, dass im Laufe eines Jahres (Erdumlauf um die Sonne) ein- und derselbe Ort mal steiler und mal flacher zur Sonnenstrahlung steht. Und die unterschiedlichen Einfallswinkel sind der Grund für eine unterschiedliche Strahlendichte und Erwärmung. Und deswegen ist der Winter auf Gran Canaria (auf ca. 28°) so schön wie (jedenfalls sonnenstrahleneinschlagstechnisch) der Frühling in Bautzen (auf ca. 51° = 28° + 23°).

Wer Spaß daran gefunden hat, bitte:

*Übungsaufgaben*
1) Wenn die Erdachse mit (genauer) 23° 27′ zur Senkrechten auf der Ekliptik geneigt ist, schließt sie mit der Bahnebene einen Winkel von 90° – 23° 27′ = 66° 33′ ein. Schauen Sie in Ihrem Atlas nach, auf welchem Breitengrad der Polarkreis verläuft.[36]
   a) ist das Zufall?
   b) wenn nein, warum nicht?[37]

---

36  Suchhilfe: der Polarkreis verläuft durch die nördlichste finnische Stadt Rovaniemi. Womit wir wieder bei PISA wären. Sie erinnern sich? Finnland: yksi, kaksi, kolme. Auf estnisch übrigens: yks, kaks, kolm.

37  Falls Sie versuchen, sich die Dinge durch kleine Skizzen zu veranschaulichen, bitte sich klarmachen: die Sonne ist so weit von der Erde entfernt, dass die Sonnenstrahlen alle vom Nordpol bis zum Südpol, (quasi) parallel eintreffen (wobei sie – kleine Hilfe für diese Aufgabe – natürlich nie am Nordpol *und* am Südpol eintreffen können). Wer unbekümmert mit solch einer Skizze startet

2) Zweimal im Jahr (Tag- und Nachtgleiche am Frühlings- und Herbstanfang) gilt: auf $x°$ nördlicher Breite fallen mittags die Sonnenstrahlen im Winkel von $90° - x°$ ein. Das ist zwar ein bisschen umständlich, aber wenigstens so viel Ordnung herrscht im Kosmos!
a)  ist das Zufall?
b)  wenn nein, warum nicht?

bekommt mit den Einfallswinkeln ernste Schwierigkeiten. Solche Fehler passieren! Aber ein Schüler (oder ein bewundernswerter Erwachsener, der nicht glaubt, er wisse ohnehin schon alles), der mit einem erst mal falschen Bild versucht, sich komplizierte Dinge klar zu machen, ist viel weiter als einer, der sich keine Skizzen macht, darüber weg liest und sich denkt: ist doch eh klar. Auch hier gilt: der Fehler ist die Mutter der Erkenntnis.

# 10
# Bruchrechnen
# *oder*
# Polyphonie, die in die Beine geht

Es gibt eine in einem gewissen Sinn *auch* „polyphone" Klaviermusik, bei der die linke Hand des Klavierspielers nicht, wie bei Bachs Choralvorspiel, eine eigenständige Stimme spielt, sondern im Gegenteil, die linke Hand spielt ein eher unbedarftes

Wie bei „Karl Moik und den lustigen Egerländern". Dafür nutzt die rechte Hand auf raffinierte Weise die subtile Tatsache aus, dass die beiden Zahlen 3 und 4 zueinander „teilerfremd" sind.

Keine Panik! Dieses Wort haben Sie sicher schon mal gehört (Bruchrechnen!) und sicher schon längst wieder vergessen. Aber das ist ganz einfach. Z. B. können Sie 4 durch 2 teilen und 6 durch 2 teilen.[1] Also haben 4 und 6 einen gemeinsamen Teiler (nämlich die 2) und sind *nicht* teilerfremd. Aber bei 3 und 4 werden Sie lange suchen müssen, um einen gemeinsamen Teiler zu finden. (Schlauberger und Berufsmathematiker werden jetzt grinsend sagen: „Wieso, die 1 teilt doch 3 *und* 4!" Aber weil das mit der 1 *immer* gilt, *gilt* das mit der 1 nicht.) Übrigens gibt es auch Zahlen, z. B. 11 und 13, die sind so was von teilerfremd, da braucht man erst gar nicht anfangen zu suchen. Aber 3 und 4 sind auch schon ganz schön teilerfremd.

Jedenfalls spielt die linke Hand unverdrossen ihr umpf-ta umpf-ta. Ein umpf-ta sind 2 Achtel oder 4 Sechzehntel, die rechte Hand spielt dazu fortlaufend Sechzehntel in 3-er-Gruppen

und ich frage Sie: Wann kommen 4 Sechzehntel links und 3 Sechzehntel rechts mal ordentlich zusammen? Nach …?[2] Also eine todsichere Antwort wäre erst mal „nach 12 Sechzehnteln". Denn wenn wir 3 mal 4 nehmen passen die 4 Sechzehntel links genau 3 mal und die 3 Sechzehntel rechts genau 4 mal rein. Muss ja! Also spätestens nach 12 Sechzehnteln kommen die beiden Hände ordentlich zusammen.[3]

---

1  Davon gehe ich jedenfalls aus. Aber Sie können eigentlich alles durch 2 teilen. Etwa eine Pizza. Sogar $\pi$. Oder auch die Zahl 3. Gemeint ist: man kann 4 und 6 so durch 2 teilen, dass die 2 glatt reinpasst. (Der Fachmann sagt auch: ohne Rest.)

2  Die schönste Antwort aus einem Livepublikum heraus war hier bisher: „Nie!". Sie zeigt, dass das Problem nicht trivial ist. Aber „nie" ist dann doch ein bisschen übertrieben.

3  Und weil 3 und 4 teilerfremd sind, kommen sie auch nicht früher zusammen. Aber das sieht man auch an den Noten: Die Betonungen ($\vee$) liegen erst nach 12 Sechzehnteln genau übereinander.

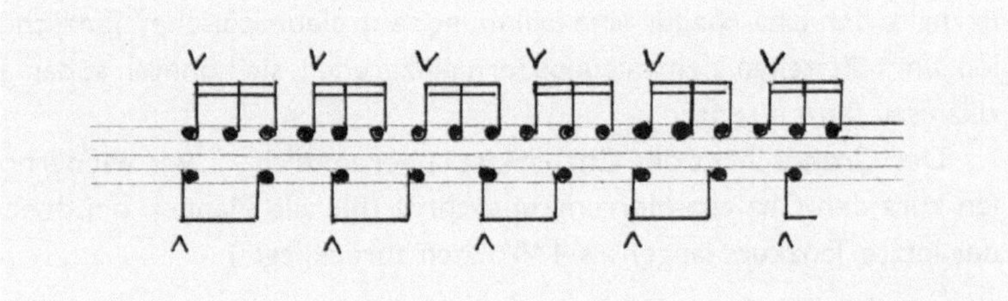

Weil aber die Musik, um die's hier geht, im 4/4-Takt steht und 12/16 gekürzt 3/4 ergibt, treffen die Betonungen der beiden Hände irgendwo
mitten im Takt zusammen (nämlich beim vierten Viertel) und nicht da,
wo Sie bei ordentlicher Musik zusammenkommen sollten, nämlich auf
der 1 des nächsten Taktes, und das ist 16tel Nummer 17. Bitte nachzählen. Oder hören Sie sich's einfach mal an. Zuerst links 4, rechts 4.      CD #24

Nett. Und jetzt links 4, rechts 3.      CD #25

Schon netter! Und warum klingt das netter? Weil da die Betonungen immer haarscharf hintereinander liegen, eben weil 3 und 4 teilerfremd sind. (Haben wir doch gleich gesagt!) Diese Musik heißt übrigens
Rag-Time. Von ragged time: zerfetzte Zeit. Zerfetzt, da teilerfremd.
Und dass 3 und 4 teilerfremd sind, ist wirklich der entscheidende Trick
beim Rag-Time. Der Rag-Time ist ein erstes Beispiel, nicht für Poly-
Phonie, sondern für Poly-Rhythmik,[4] bei der nicht mehrere Melodien,
sondern mehrere Rhythmen gleichzeitig erklingen.

Wenn wir jetzt mal die 3er und 4er-Gruppen (4 Sechzehntel oder
2 Achtel) nicht *übereinander* legen (wie gerade beim Rag-Time) sondern *hinter*einander spielen, dann kommt etwa folgendes heraus.      CD #26

Bei dem für diese Art Tanzmusik typischen Schluss (3 schnelle Akkorde: tam tam tam) ist man immer versucht, ein „Cha-cha-cha" dazu-
zusprechen.[5] Aber ich glaube, den Cha-cha gibt es eigentlich gar nicht.

---

4   Nur 2 Stimmen mit 3er und 4er-Gruppen ist so ziemlich das Einfachste an Po-
    lyrhythmik. In Westafrika gibt's da noch ganz andere rhythmische Übereinander-
    schichtungen! Die Polyrhythmik ist sozusagen die Polyphonie Afrikas.

5   Das war bei Tanzkapellen üblich. Sehr schön auch, wenn beim Mambo bei einer

Ich halte den Cha-cha für eine Erfindung zentraleuropäischer Tanzschulen, um hüftsteifen Zentraleuropäern einzureden, sie könnten südamerikanisch tanzen („latin").

Der Grundschritt des Cha-cha ist ja bekanntlich ... wir wiederholen kurz den Cha-cha-Herrengrundschritt (für alle Männer, bei denen der letzte Tanzkurs länger als 4 Wochen zurückliegt[6]).

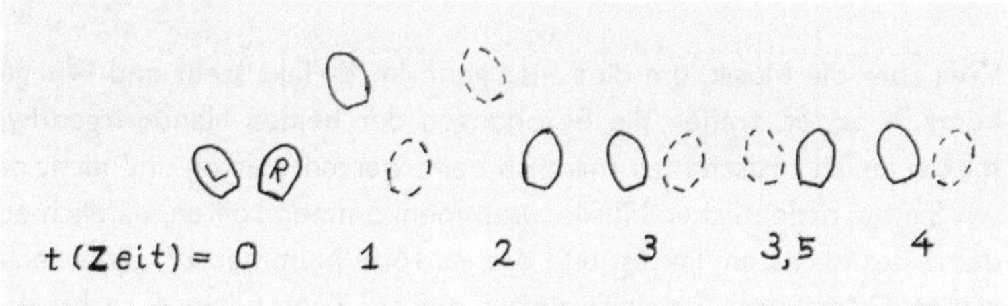


Ganz einfach: Linker Fuß vor (1) (den rechten lassen Sie einfach wo er ist), dann tritt der rechte Fuß auf der Stelle (2), Sie holen den linken Fuß wieder zurück (3), der rechte tritt wieder auf der Stelle (3,5) – Musiker sagen statt 3,5 auch 3 *und* – und jetzt tritt auch der linke Fuß auf der Stelle (4). Und wenn sie jetzt noch rhythmisch dazu sprechen

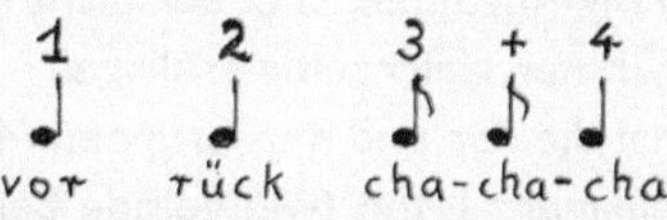


sind Sie der perfekte Cha-cha-Tänzer. (Aber bitte leise mitsprechen, damit's Ihre Partnerin nicht merkt. Wirkt nicht weltmännisch.)

---

bestimmen Viertelpause alle 5 Musiker ein lautes „U" ausstoßen mussten. So wild und authentisch waren die angeblich so steifen 50er-Jahre, in denen sogar bei kleinstädtischen sonntagnachmittäglichen Tanzveranstaltungen Live-Bands (mit echten, lebenden Musikern!) aufspielten.

6    Ein richtiger Mann kann sich Tanzschritte nicht länger als 4 Wochen merken.

Also, was wir sagen wollten: der Grundschritt beim Cha-cha ist ja bekanntlich sehr schlicht. Und selbst die erste Figur beim Cha-cha, die Promenade ... (so was braucht man, Sie können ja nicht Ihren ganzen Cha-cha mit nur einem einzigen Schritt bestreiten! Obwohl, es gibt Männer, die bestreiten nicht nur einen Cha-cha, die bestreiten einen ganzen Ball-Abend mit einem einzigen Schritt[7]) ... also die Promenade:



Wieder ganz einfach! Dame und Herr stehen parallel, die Linke des Herrn hält die Rechte der Dame (aber nicht zu fest, sonst gibt's Probleme!). Jetzt tanzen Sie einfach Ihren Cha-cha-Herrengrundschritt runter (wie oben geübt), nur dass Sie sich dabei gleichmäßig um 180° *gegen* den Uhrzeigersinn drehen, wobei Sie natürlich bei einem erreichten Drehwinkel von ca. $\omega = 80°$ die Hand Ihrer Dame loslassen müssen (sonst wickelt sich die Dame um Ihren Rumpf, deswegen bei Beginn: *nicht* klammern!), um bei ca. $\omega = 100°$ wieder (jetzt natürlich mit Ihrer *rechten* Hand) die Linke Ihrer Dame zu ergreifen (wieder beherzt, aber nicht zu fest; bei $\omega = 90°$ bitte lächeln (Blickkontakt!)), bei t (Zeit) = 4 stehen Sie dann wieder genauso da wie bei t = 0. Bloß gespiegelt. Und jetzt machen Sie dasselbe ganz genauso noch mal, eben nur gespiegelt an einer Spiegelungsebene E, die Sie sich senkrecht zu Ihrer Blickrichtung (und natürlich zum Fußboden, Schnittgerade a) hinter Ihrem Rücken vorstellen müssen. Bitte beachten: Ihr linker Fuß ist jetzt

---

7 Unter uns, meine Herren, ob Cha-cha, Foxtrott, Tango oder Walzer – mit lang-lang-kurz-kurz („Wechselschritt") kommt man immer irgendwie durch. Die Musik stört auch nicht weiter beim Tanzen.

natürlich der rechte, Ihre rechte Hand die linke (bei der Dame umgekehrt) Und sie drehen sich jetzt natürlich um 180° *mit* der Uhr (dualer
Handwechsel, d. h. bei beiden links/rechts vertauscht, wie oben; bei $\omega$
= 90° lächeln bitte nicht vergessen!) Wenn Sie alles richtig gemacht
haben, ist am Ende (t = 8) Ihr linker Fuß wieder Ihr linker Fuß. (Bitte
kontrollieren!) Tja, bei der Cha-cha-Promenade, da kommt ein Hauch
Turniertanz auf! Aber Tanzen ist eigentlich ganz einfach, wenn man die
Sache nur mathematisch-präzise angeht.[8]

Jetzt wäre das mit der Promenade auch geklärt. Also: Der Grundschritt beim Cha-cha (vgl. oben) ist ja bekanntlich sehr schlicht. Und
selbst die erste Figur beim Cha-cha, die Promenade (vgl. oben) geht
CD #27 rhythmisch nicht hinaus über:

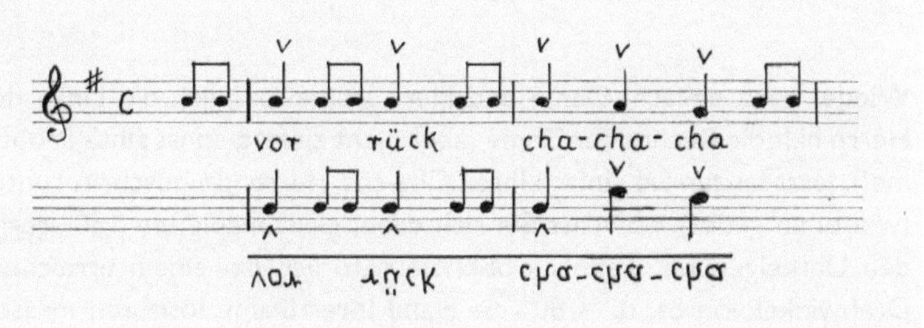


Und das ist der Radetzky-Marsch, aber keine latein-amerikanische Tanzmusik! Die vorletzte Musikeinspielung (CD #26) aber war ganz bestimmt kein Marsch, sondern eine Rumba. Und bei der Rumba zählt
man weder „links zwo drei vier" (wie beim Marsch) noch „vor rück
cha-cha-cha", sondern man zählt (und zwar ziemlich flott): 123 123
12 123 123 12. Und wenn Sie dazu tanzen – etwa nach der vorletz-
ten Musikeinspielung CD #26 (machen Sie's einfach intuitiv, das läuft
ganz von allein[9]) – werden Sie feststellen: 1) mit dem Cha-cha-Schritt

---

8  Und jetzt verstehen Sie auch, warum Mathematiker gelegentlich mitunter angeblich
   als nicht-brilliante Tänzer gelten sollen.

kommen Sie da auf keinen grünen Zweig und 2) wenn Ihre Füße plötzlich wie von selbst im Rumba-Rhythmus wirbeln (sollten): *Teilerfremde Zahlen machen das Becken kreisen!* Es ist wirklich so. Wenn rhythmisch alles glatt ineinander aufgeht, kommt höchstens Marschmusik heraus. Sowie teilerfremde Zahlen ins Spiel kommen, kommt plötzlich, wenn man das so sagen darf, Schmackes in den Steiß. Solch tiefe Einsichten und erfrischende Aha-Erlebnisse gewinnt man, wenn man mal bisschen mathematisch an die Dinge herangeht!

Weil aber die Rumba auch eine 4/4-Takt-Musik ist (man glaubt es kaum, aber 3 + 3 + 2 Achtel sind 8 Achtel und 8 Achtel sind auch nur 4 Viertel) nehmen wir zum Schluss mal einen Dreier-Takt. Alles Walzer! Donau so blau, so blau, so blau. Ist aber langweilig. Und deswegen erweitern wir die ¾ mit 4, erhalten ¹²/₁₆, zerlegen die 12 in 6 + 6, die erste 6 in 2 · 3 und die zweite 6 in 3 · 2 (sog. Kommutativitätsgesetz der Multiplikation, aber muss man nicht kennen), und wohin kommen wir damit?

CD #28

© Leonard Bernstein
Music Publishing Company LLC
Boosey & Hawkes

---

9   Kleine Hilfestellung: Linker Fuß vor, rechter Fuß zur Seite, linken Fuß ranziehen. Und jetzt zurück: Rechter Fuß rückwärts, linker Fuß zur Seite, rechten Fuß ranziehen. Im Tanzschulen-Deutsch: Vor, seit, ran. Rück, seit, ran. Und das Schritt-Zeit-Diagramm sieht – falls es intuitiv doch nicht auf Anhieb geklappt haben sollte – so aus:

|  | | Vor | seit | ran | Rück | seit | ran |
|---|---|---|---|---|---|---|---|
| t (Zeit) | = | 1 2 3 | 1 2 3 | 1 2 | \| 1 2 3 | 1 2 3 | 1 2 |

Sie springen dabei quasi zwei Mal im Dreieck oder, zusammengenommen, im Viereck. Aber natürlich sollen Sie dabei gerade *nicht* springen (wie bei einem bäuerlichen Hupfauf oder Hopeldantz um 1600), sondern Ihr bewegter Körperschwerpunkt $S_b$ (Nähe Sonnengeflecht) umkreist auf einer leicht elliptischen Bahn (Erde, Sonne!) Ihren Schwerpunkt in Ruhelage $S_r$ senkrecht über dem Mittelpunkt dieses Vierecks. Ein Tanzschritt von kosmischer Tiefenwirkung!

Damit kommen wir von Puerto Rico nach Manhattan. Leonard Bernstein: West-Side-Story, ein Calypso. Ein hinreißender Rhythmus! Und warum? Weil 6:2 = 3 und 6:3 = 2. Ganz einfach. Und 3 und 2 sind? Richtig: teilerfremd.

Und wenn wir wieder, um aus unseren hektischen 12 karibischen Sechzehnteln 3 gemütliche zentraleuropäische Viertel zurückzuerhalten,[10] unseren Calypso mit 4 durchmultiplizieren, erhalten wir mitnichten wieder einen Walzer, sondern kennen das zumindest in meiner niederbayerischen Heimat etwa so:

CD #29

– ein sogenannter „Zwiefacher", bei dem sich die Musiker nie ganz schlüssig sind, ob sie jetzt bis 2 oder bis 3 zählen sollen. Und der berühmte größte gemeinsame Teiler hilft hier beim Zählen („eins eins eins eins eins eins eins eins eins eins") ausnahmsweise mal auch nicht weiter.

Der Zwiefache ist wirklich eine höchst vergnügliche Spielart der bayerischen Folklore.[11] Aber das Schönste, Virtuoseste und Verrückteste an krummen Takten findet man natürlich in der Volksmusik aus Serbien, Rumänien und Bulgarien.[12] Nicht gerade im 17/19-Takt (aber fast!). Jedenfalls fliegen einem da die 2-, 3-, 5- und 7-Achtel-Perioden nur so um die Ohren! (Tipp für Klavierspieler: Bartok, Mikrokosmos,

---

10  „Drai Virtele" wie der Schwabe beim Schlotze' sagt. (Hinweis für eventuelle Wiener Leser: im Schwäbischen heißt beißen schlotzen.) Im Kontext „Wein" gewinnen musikalische Bezeichnungen wie 3/4, 4/4 oder gar 6/4 ganz neue Konnotationen.

11  Sehr empfehlenswert: Zwiefache, gespielt von der Blaskapelle Otto Ebner.

12  Kombinationen teilerfremder Taktarten finden sich in Europa nur im Bayerischen Wald und in Transsylvanien. Nicht umsonst hieß es einmal, hinter München begänne der Balkan.

6 Tänze im bulgarischen Rhythmus). Und als Mathematik- und Musikfreund stellt man erfreut fest: Ob Rag-Time oder Rumba, ob Calypso,
Zwiefacher oder Balkan – die Primzahlen[13] sind das Salz der Arith-
metrik[14] und der Pfeffer in der (Tanz-)Musik. Soviel zur rhythmischen
Polyphonie oder auch musikalischen Bruchrechnung.[15]

---

13   Obwohl „teilerfremd" eigentlich eine Beziehung zwischen zwei Zahlen beschreibt,
     könnte man auch von einer einschichtigen, allein stehenden Primzahl fast sagen, sie
     sei teilerfremd, sozusagen schlechthin. Primzahlen sind so ziemlich das Teilerfrem-
     deste, was es gibt.

14   Mathematiker betreiben das Rechnen *sehr* gründlich und nennen das dann Zah-
     lentheorie. Dieser Name ist *nicht* zu hoch gegriffen. Und wer ist der König der
     Zahlentheorie, sozusagen der Herr der Ringe (kleiner Scherz für Mathematiker)?
     Gauß.

15   In der Bühnenversion gibt es an dieser Stelle zur Erholung einen Rag-Time, nämlich
     den berühmten Maple-Leaf-Rag von Scott Joplin aus dem Jahr 1899. Dieses Stück
     (wenn Sie es nicht kennen: unbedingt besorgen!) ist die Mutter aller Pop-Musik-Hits.
     Es ist das erste genuin amerikanische Stück, das in Amerika *und* Europa populär wur-
     de. Und es ist das erste Stück, in dem eine europäisch geprägte U-Musik-Gattung
     (Marsch, Polka, Galopp) mal ein bisschen afrikanisch-polyrhythmisch aufgemischt
     wird.

# 11
# Rechnen heute
# *oder*
# Die Hälfte ist *immer* jeder Zweite!

Kennen Sie die Mengenlehre? Ein Stichwort, das mittlerweile immer allgemeines wissendes Schmunzeln auslöst, manchmal auch ein verhaltenes leises Stöhnen. Viele haben die Mengenlehre noch als Schüler genossen. Einige kennen sie indirekt, wenn man etwa den über seine Hausaufgaben gebeugten Sohn leichtsinnigerweise frägt: „Na, Junge, kann der Papa dir helfen?" Und der Sohn antwortet kühl und sachlich: „Ja Papi. Wenn die Durchschnittsmenge der Vereinigungsmenge mit der Restmenge leer ist, ist dann die Lösungsmenge auch leer oder einfach die Lösungsmenge die Nullmenge?" „Äh, Junge, ich muss noch mal ganz schnell ins Büro. Frag doch einfach die Mama."

Die Mengenlehre an der Schule war eine Art Kollateralschaden der modernen Pädagogik. Als nämlich in den 70er-Jahren nicht nur die ideologischen Grundlagen[1], sondern auch die wissenschaftlichen Vorausset-

---

[1]  Das ist wieder so ein vermintes Feld, und ich musste mir schon mehrfach empört sagen lassen, dass man das als ordentlicher Kabarettist doch nicht sagen darf! Nachdem ich aber auch in Büchern, die erfahrene Lehrer zur aktuellen Schulsituati-

zungen für unser heutiges Schuldesaster[2] mit großem Erfolg entwickelt wurden, begann man etwa damit (auch mit großem Erfolg zur Vermehrung der Fachliteratur), sozusagen alle 3 bis 5 Jahre eine neue Didaktik-Sau durchs pädagogische Dorf zu treiben. Und dabei stieß auch einmal die mathematische Mengenlehre mit der Grundschule zusammen – aber richtig[3] – was beiden nicht gut tat, wirklich *beiden*.

---

on verfasst haben, auf eher leicht sarkastische Bemerkungen zu Oskar Lafontaines berühmten Sekundär-Tugenden gestoßen bin, traue ich mir, obwohl als Kabarettist ideologisch gebunden, kurz auf dieses Zitat zu verweisen. Eine Berliner Schulleiterin berichtet etwa in ihrem Buch (s. u.): Sie stellt fest, dass bei einigen Kollegen der Unterricht immer deutlich zu spät beginnt. Erst allmählich verdichtet sich eine fröhliche Eintrudelphase zu so etwas wie Unterrichtsbeginn, wobei einige der Schüler erst bis zu 20 Minuten nach dem offiziellen Unterrichtsbeginn eintrudeln. Sie spricht das auf der Lehrerkonferenz an und bittet (alles klagt, der Stoff sei so umfangreich und Schulkinder haben auch ein Recht auf vollen Unterricht) künftig pünktlich anzufangen. Die Reaktion: Sie wolle hier wohl Nazimethoden einführen. So viel zur Pünktlichkeit als postmoderne Sekundärtugend. Ich hoffe O. Lafontaine hat seine Ansichten mittlerweile (wer räumt bei Lafontaines eigentlich das Kinderzimmer auf?) geändert. Aber dieses ominöse Zitat ist nun mal symptomatisch für den damaligen Zeitgeist, der noch lang, lang nachwirkte. Aber egal, dafür haben wir ja jetzt das Schulfach „Benimm". Josef Kraus, Präsident des Deutschen Lehrerverbandes, schreibt in seinem „Polemischen Minilexikon der Educational Correctness" (aus seinem Buch „Spaßpädagogik"): „Tugenden sind vor allem als Sekundärtugenden aus dem Katalog der Erziehungsziele zu entfernen." Und die Schnurre aus dem Schulalltag betreff Pünktlichkeit findet sich in „Schule ist von innen heraus morsch" der Berliner Lehrerin und Schulleiterin Helga Wilken. Ein anregendes und höchst bedenkenswertes Buch, das in vielen höchst lebendigen Beispielen aus dem Schulalltag einer Lehrerin zeigt, wo's an der Schule wirklich hakt. Aber man schreibt lieber große Artikel über den Horrorberuf Lehrer und das Tollhaus Schule und fordert noch mehr Geld, noch mehr Fortbildung und noch mehr Reformen als sich auch mal mit einfachen, aber nicht so genehmen Wahrheiten auseinanderzusetzen.

2   Der PISA-Schock wich mittlerweile einer großen Gelassenheit: es ist halt so. Wie etwa gerade eine Gesprächssendung über Lehrstellen und Ausbildung (Forum Pisa, Deutschlandfunk, Februar 05) demonstrierte. Es hat sich seit dem Pisaschock nicht allzu viel geändert, außer: man regt sich nicht mehr so auf. Nur neue Nachrichten sind echte Nachrichten.

3   Für Leser, die mit onomatopoetisch erweiterten Comic-Strip-Texten groß geworden sind: Rrums! Schepper!

Aber natürlich ist die Schule immer auch ein Spiegel des Zeitgeistes. Man betrachte etwa die folgende berühmte Textaufgabe.[4] (Und keine Angst, Sie müssen jetzt nichts mehr rechnen, nur betrachten.)

In der guten/schlechten alten Zeit (vor 1968), etwa 1960 (als ich aufs Gymnasium kam) las sich diese Aufgabe noch so:

*1960*

Ein Bauer verkauft einen Sack Kartoffeln für 20 Mark. Die Erzeugungskosten betragen 4/5 des Erlöses. Berechne den Gewinn.

20 Jahre später, nachdem sich die so genannte kritische Philosophie über die philosophischen Ordinariate und pädagogischen Hochschulen bis in die Rechenfibeln der Grundschule durchgearbeitet hatte, liest sich dieselbe Aufgabe dann so:

*1980*

Ein Bauer verkauft einen Sack Kartoffeln für 40 Mark. Sein Gewinn beträgt 8 Mark. Unterstreiche rot das Wort Gewinn und diskutiere darüber mit deinem Nachbarn.

Wieder 10 Jahre später kehrte eine neue Innerlichkeit in die deutschen Schulen ein. Insbesondere natürlich an Schulen mit integriert-ganzheitlichem Ansatz (und so).

*1990*

Nimm bitte Dein Arbeitsheft zur Hand. Schlage Seite 12 auf. Du siehst darauf Kartoffeln. Male sie bunt an. Schneide sie aus. Bitte Deine Mutter/ Deinen Vater, ein Säckchen aus indischem Hanf zu nähen. Lege Deine Kartoffeln in das Säckchen. Was hast du jetzt?

---

4   Mathematiker und insbesondere Mathematiklehrer kennen alle diese berühmte Textaufgabe, weil dieser Schulwitz (zu Recht) seit vielen Jahren von einer Studentengeneration zur nächsten weitergereicht wird. Aber er sollte auch einer allgemein interessierten Öffentlichkeit kundgetan und bereichernd in die aktuelle bildungspolitische Diskussion eingebracht werden. (Außerdem lässt er sich – siehe die Fassung für die 90er Jahre – sehr schön und variantenreich fortspinnen.)

Antwort, aus dem Lösungsband für Lehrer (Lehrer brauchen heute für jedes Schulbuch mit Aufgaben, und seien sie noch so harmlos, einen eigenen Lösungsband[5] für Lehrer, sonst führen sie das Lehrwerk nicht in ihrer Klasse ein):

(Aus dem Lehrerband mit Lösungen, S. 48)

*Antwort zum Arbeitsheft, S. 12:*
Eine Menge Kartoffeln

Und dann steht in so einem Lösungsband für Lehrer natürlich noch:

*Weiterführende Vorschläge zum*
*fächerübergreifenden Unterricht:*
Bereiten Sie mit Ihren Schüler/-innen im Rahmen der Projekttage einen Kartoffelsalat zu! Singen und analysieren Sie dazu das Lied „Im Märzen der Bauer die Rösslein einspannt"!

Wenn Sie selber noch Kinder oder Enkel auf der Grundschule haben, dann kennen Sie das ja. Die Antwort „Eine Menge Kartoffeln" ist übrigens gleich der Ansatzpunkt für eine Propädeutik zur Mengenlehre. Aber die Mengenlehre-Variante dieser Aufgabe („Ein Bauer erzeugt eine Menge Kartoffeln ... Wie mächtig ist seine Gewinnmenge?") die sparen wir uns jetzt. Denn erstens wird das schwierig. Und zweitens wurde die Mengenlehre (vor etwa 130 Jahren) nicht erfunden, um Probleme zu lösen wie: Was ergibt eine Menge von 4 Äpfeln vereinigt mit einer Menge von 3 Birnen? Antwort (aus dem Lösungsband für Lehrer): 7 Obst! Denn, verehrte Leserin und verehrter Leser, die Sie nicht mathematisch vorbelastet sind: Das Obst ist zahlreich, aber endlich. Die Mengenlehre aber wurde erfunden,[6] um die Geheimnisse der *Un*endlichkeit zu ergründen!

---

5    Der Lösungsband für Lehrer wird natürlich ausschließlich und streng kontrolliert *nur* an Lehrer verkauft! Schüler besorgen sich die Lösungen über Internet.

6    Von dem großen deutsch-jüdischen Mathematiker Georg Cantor, *Petersburg 1845, †Halle 1914, ab 1872 Professor der Mathematik in Halle. Wenn schon je-

Wir kennen alle die Unendlichkeit. Wir wissen, man zählt

$$1 \quad 2 \quad 3 \quad \ldots$$

und . . . bedeutet: es geht immer weiter. Das ist übrigens eine Einsicht, die für Kinder sehr schwierig ist. Kindergartenkinder melden ja gerne im Abstand von 2 Wochen: „Gell Papa, 100 ist die größte Zahl!" „Gell Papa, 1000 ist die allergrößte Zahl!" „Gell Papa, eine Million ist die aller-aller-größte Zahl!" Meine Tochter stand vor ihrer Einschulung wochenlang konstant bei 1000 Milliarden. Mein Einwand, sie möge zu ihren 1000 Milliarden doch bitteschön mal eine 1 dazuzählen, hat leider nichts gefruchtet. Denn ihr Kindergarten-Freund Max hatte ihr erklärt, 1000 Milliarden sei *die Gottes-Zahl* (ich habe leider nicht rausgekriegt, wo der Max *das* herhatte) und deswegen definitiv die aller-aller-allergrößte Zahl überhaupt.[7] Und gegen ihren Freund Max *und* den lieben Gott habe ich als Vater natürlich keine Chance. Aber Sie sehen: Kinder können wenigstens noch staunen!

Apropos Gotteszahl und Staunen: Haben sie sich eigentlich schon mal im Laufe Ihres Lebens gefragt, wie viele Brüche es eigentlich geben mag? Was, das[8] haben Sie sich noch nie gefragt?! Wie blind und stumpf laufen Sie durch diese schöne, bunte, reiche Welt?

Also: Zuerst mal können Sie jede ganze Zahl auch als Bruch schreiben. Statt 3 schreiben Sie $\frac{3}{1}$ (gesprochen: drei Eintel). Das bringt zwar nicht viel, aber damit sind die unendlich vielen ganzen Zahlen schon mal bei den Brüchen dabei.

---

der die Mengenlehre kennt (oder es glaubt), sollte man wenigstens ein Mal auch den Namen ihres genialen Schöpfers (für alle, die zwar „die Mengenlehre", aber nicht den letzteren kennen) erwähnen. Was wir hiermit gerne tun.

7  *Vor* ihrer Einschulung war meine Tochter zahlentechnisch bei 1000 Milliarden. Jetzt ist sie ein halbes Jahr in der Schule und immer noch nicht über 20. Wenn das so weiter geht, ist sie beim Abitur noch nicht mal bei $13 \cdot 2 \cdot 20 = 520$. Oder sie landet zuvor schon in PISA (= Mathe ist doof).

8  Ich hoffe, Sie haben sich wenigstens schon ein Mal gefragt, ob Sie wüssten, wie viel Sternlein ste-e-hen. Das ist zwar nicht ganz dasselbe, aber ein Schritt in die richtige Richtung.

Und jetzt geht's erst richtig los. Sie können zwischen zwei ganzen Zahlen, etwa zwischen 1 und 2, durch fortgesetztes halbieren ganz schnell ganz viele Brüche erzeugen: 2 Halbe, 4 Viertel, 8 Achtel, 16 Sechzehntel ... (die Viertel liefern *zwischen* 1 und 2 die Brüche $1\frac{1}{4}$, $1\frac{2}{4}$ und $1\frac{3}{4}$, also als echte Brüche geschrieben: $\frac{5}{4}$, $\frac{6}{4}$ und $\frac{7}{4}$). Und das geht nicht nur mit Halbieren. Sie können zum Beispiel auch Vierteilen.[9] Nur: Vierteilen bringt nicht so viel, denn die Viertel und Sechzehntel liefert ja schon das Halbieren). Aber Dritteln kommt wieder gut. Und wenn Sie eher snobistisch veranlagt sind, können Sie auch elfteln. Liefert 11 Elftel, 121 Hunderteinundzwanzigstel, 1331 ... im dritten Schritt bereits 1330 nagelneue Brüche! Und das geht natürlich nicht nur zwischen 1 und 2. Sondern auch zwischen 2 und 3, 3 und 4. Auch zwischen 101 und 102. Wo sie wollen. Sie können also an unendlich vielen Stellen auf jeweils unendlich viele Arten (Halbieren, Dritteln, Vierteln, Fünfteln ...) ganz schnell ganz ganz viele Brüche erzeugen. Also muss die Unendlichkeit der Brüche irgendwie viel größer sein als die Unendlichkeit der ganzen Zahlen (die ja nur ganz einsam als $\frac{1}{1}$, $\frac{2}{1}$, $\frac{3}{1}$, $\frac{4}{1}$ ... dick und unbeweglich in diesem Gewusel von immer mehr und immer dichter beisammen liegenden Brüchen rumliegen). Wenn wir nur die Sechzehntel-Brüche von 1 bis 5 aufzeichnen, sieht das so aus.



Und jetzt stellen Sie sich zusätzlich jeweils zwischen zwei ganzen Zahlen noch alle anderen Brüche vor, z. B. jeweils 1330 verschiedene Tausenddreihunderteinunddreißigstel-Brüche usw. usw.

---

9   Eine beliebte Rechenart aus dem Mittelalter.

Also scheint es zwei verschiedene Arten von unendlich zu geben. Die satte Unendlichkeit aller Brüche und die mit der Effelierschere ausgedünnte magere Unendlichkeit der ganzen Zahlen. Die Philosophen haben 2500 Jahre lang immer schon beim einfachen Begriff „unendlich" schlapp gemacht. Und wir haben hier in 2 Minuten gleich zwei verschiedene Unendlichkeiten gefunden. Das ist doch phantastisch![10]

Kennen Sie eigentlich noch andere Zahlen, außer den ganzen Zahlen und den Brüchen? Eine kennen Sie ganz bestimmt. Ich verweise auf die Sonneneinstrahlung in den gemäßigten Breiten. Genau: $\sqrt{2}$. Man kann diese Zahl natürlich ausrechnen und erhält auf dem Taschenrechner 1,4 und paar Zerquetschte. Und die „Zerquetschten" nehmen kein Ende! (Nur weil Ihr Taschenrechner nur 16 Stellen anzeigt brauchen Sie nicht glauben, dass ab der 17ten Stelle Ruhe wäre. Da fängt's erst richtig an!) Denn obwohl die vielen vielen Brüche beliebig eng und dicht beisammen liegen, werden Sie – selbst wenn Sie auf Quintillionstel genau arbeiten (und Quintillionstel, das ist verdammt genau!) – um's (Pardon, aber es stimmt hier[11]) um's Verrecken keinen Bruch finden, der diese blöde Zahl $\sqrt{2}$ genau wiedergibt.

Und weil das absolut irrsinnig ist – man hat ohnehin schon irrsinnig viele Brüche und braucht jetzt trotzdem wegen dieser blöden $\sqrt{2}$ noch eine dritte Sorte von Zahlen – nennt man diese Zahlen auch Irrsinnszahlen. Offiziell heißen sie natürlich Irrationalzahlen. Aber das kommt auf's Gleiche raus.

Also mit so was beschäftigt sich die Mengenlehre. Wie groß ist die Unendlichkeit der ganzen Zahlen? Wie groß ist die Unendlichkeit der Brüche? Wie viele Irrsinnszahlen gibt es eigentlich? Wenn es sehr viele

---

10    Solch aufregende Dinge sind Ihnen entgangen, weil Sie sich noch nie gefragt haben, wie viele Brüche es eigentlich gibt. Bei den Sternlein weiß man übrigens immer noch nicht ganz genau, ob es endlich oder unendlich viele sind. Wenn unendlich, dann wohl die ausgedünnte Unendlichkeit der ganzen Zahlen. Aber seit einige Quantenphysiker mit ihren parallelen Welten … wer weiß, wer weiß?

11    Diese, zugegeben, etwas derbe bayerische Ausdrucksweise hat hier eine reale abgründige historische Berechtigung. Darauf kommen wir noch. Sie dürfen gespannt bleiben.

gibt (gibt es leider!) – wie groß ist die Unendlichkeit der Irrsinnszahlen? Und, und, und ... Das nur, falls Sie mal wieder das Wort Mengenlehre hören und sich denken: „4 Äpfel, 3 Birnen, alles klar!"

Die „normale" Unendlichkeit, die jeder kennt und die man nicht groß erklären und untersuchen muss, ist die Unendlichkeit der ganzen Zahlen. Jeder weiß, man zählt $1, 2, 3, \ldots$ . Es gibt allerdings heute noch (in sehr entlegenen Weltgegenden wie auf Neuguinea oder am Amazonas) Eingeborenenstämme, die zählen nicht $1, 2, 3 \ldots$ sondern $1, 2, 3$, viele. Punkt. Ende. Mathematisch nennt man das eine Kompaktifizierung des Zahlenraumes, was durchaus gewisse Vorteile hat. $1 + 1 = 2$ muss man sich auch hier noch mühsam einprägen. Aber für $2 + 2$ gilt bereits ganz einfach: $2 + 2 =$ viele. Auch das bei unseren Kindern so gefürchtete kleine Einmaleins wird plötzlich erfreulich übersichtlich:

| $\times$ | 1 | 2 | 3 | viele |
|---|---|---|---|---|
| 1 | 1 | 2 | 3 | viele |
| 2 | 2 | viele | viele | viele |
| 3 | 3 | viele | viele | viele |
| viele | viele | viele | viele | viele |

Man beachte insbesondere den Eintrag:

$$\text{viele} \times \text{viele} = \text{viele}$$

Das fasst wirklich *viele* unwesentliche Detailinformationen elegant zusammen (und wäre eine geschickte Lehrplanvariante, um beim nächsten PISA-Test in Mathematik besser abzuschneiden.)

Doch sollten wir uns, was unsere Rechenkünste heute anlangt, gegenüber entlegenen Stämmen im Dschungel Neuguineas und Amazoniens nicht allzu viel einbilden. In der Bahnhofsbäckerei[12] legte ich einmal, während die Verkäuferin für mich eine Mehrkornsemmel (im Wert von EUR 0,60) und ein Plundergebäck (sog. „Nusshörnchen"

---

12 „Bäckerei" ist natürlich etwas zu romantisch. Es handelte sich wie üblich um eine dezentral betriebene Backwarenvertriebsstelle.

im Wert von EUR 1,10) eintütete, die resultierenden 1,70 abgezählt auf den Geldteller, einfach weil ich dringendst zum gleich losfahrenden Zug musste. Aber was tut die unselige Backwarenvertriebsfachkraft? Sie kramt erst umständlich einen Taschenrechner aus der Schublade, gibt mühsam die beiden Posten ein und ruft dann baßerstaunt aus: „Ja, das stimmt ja schon!" Sie war wirklich völlig von den Socken, woher ich *das* jetzt gewusst haben mag. Und warum? Weil sie zuerst im Kopf gerechnet hat: $0,60 + 1,10 =$ viele. Wir alle[13] rechnen mittlerweile nach dem Verfahren:

$$1 + 1 = 2, \quad \text{alles andere: siehe Taschenrechner.}$$

Und es sind nicht nur Backwarenvertriebsfachkräfte. Die Grünen mussten einen Parteitag in Baden-Württemberg abbrechen, weil bei der ersten Auszählung 201 Stimmen gezählt wurden. Obwohl nur 200 Delegierte eingeladen waren. (Es kam dann irgendeine Erklärung von wegen Computerfehler und so.[14]) Und aus der SPD-Zentrale kam einmal ein Pamphlet mit dem schönen Satz: „Die erfolgreiche Haushaltskonsolidierungspolitik von Finanzminister Hans Eichel[15] *muss* fortgesetzt werden, da heute schon fast jeder zweite Euro, *(d. h. jede vierte Mark)*, für den Schuldendienst verbraucht wird." Einige Leser werden's gleich durchschaut haben, andere ringen noch mit der Abgründigkeit dieser Botschaft, aber lassen Sie sich versichern: *Die Hälfte ist* immer *jeder Zweite!* Es ist wirklich völlig wurst, ob Sie in Euro, DM, Maria-Theresia-Talern oder Silberbatzen rechnen – ein ehernes Naturgesetz lautet: Die Hälfte ist immer jeder Zweite. Aber jetzt wissen wir wenigstens, wie diese Haushaltslöcher in Berlin immer so zustande kommen.

---

13    Mathematisch genauer: *fast* alle (siehe übernächstes Kapitel). Aber der Unterschied ist praktisch Null: fast alle = so gut wie jeder = alle.

14    Das ist von hier aus schwer zu überprüfen. Nur, wenn der Computer *etwas* zuverlässig kann, ist es, unfallfrei von 1 bis 200 zu zählen!

15    Das wäre eigentlich auch schon eine Pointe, aber wir machen hier ja kein politisches Kabarett. Außerdem, in Vorwegnahme der Wechselfälle des politischen Lebens, gilt ja ggf.: Wer weiß heute noch, wer Hans Eichel war?

Soviel zu unseren Rechenkünsten heute. Und jetzt frage ich Sie: Raten Sie mal, wie lange wir schon wissen, dass diese blöde $\sqrt{2}$ kein Bruch ist, sondern eine Irrsinnszahl. Diese doch relativ feinsinnige Erkenntnis (natürlich zuzüglich des noch feinsinnigeren dazugehörigen Beweises, den wir uns hier aber sparen) ist 2500 Jahre alt. Richtig, Pythagoras. Und seine Freunde. (Genannt: die Pythagoräer)

Und nur um sich das einmal klar zu machen: Der Stamm der Baiern[16] (vormals Baiwari) bildete sich vor 1500 Jahren. Und auch wenn's einige nicht glauben, weil sie meinen, bis vor kurzem wären wir hier noch auf den Bäumen gesessen: das ist verdammt lange her. Und noch mal 1000 Jahre *davor* (das ist noch mal die Zeitspanne von Otto dem Dritten, 100 Jahre *vor* den Kreuzzügen, bis heute), also insgesamt vor 1500 + 1000 Jahren haben sich diese seltsamen Typen im alten Griechenland (genauer in Unteritalien, aber das hieß damals Magna Graecia, was großes Griechenland bedeutete (und nicht Großgriechenland)) mit solchen Dingen herumgeschlagen. Und zwar erfolgreich.

Die Pythagoräer waren überhaupt schon ganz schön clever für ihr Alter. Die ganze Akustik, wie sie heute in jedem Schulbuch steht, hatten sie schon parat: Oktave, Quinte, Quarte: Verhältnis der Schwingungszahlen $2:1$, $3:2$, $4:3$.[17]

---

16  Baiern mit i. Darauf legen wir großen Wert, in Bayern.

17  Kurz zur Wiederholung: Wenn Sie eine Saite (Geige, Gitarre, notfalls auch ein Einweckglas- oder sonstiger Gummi) straffen und zupfen hören Sie einen Ton. Wenn Sie jetzt in der Mitte einen Finger draufdrücken und die halbierte Saite (egal welche Hälfte) noch mal zupfen (Wie Sie das mit spannen, draufdrücken und zupfen mit nur 2 Händen technisch realisieren ist Ihre Sache. Ein bisschen Mühe geben muss man sich schon in der Experimentalphysik!) hören sie praktisch den gleichen Ton noch mal, nur eine Etage höher. Den Abstand zwischen diesen beiden Tönen nennt man Oktave, wobei es erst mal völlig unerheblich ist, warum in diesem Wort eine 8 herumgeistert. Der Tonabstand mit der maximalen Verträglichkeit (andere Tonabstände klingen alle bisschen oder ziemlich schräger) heißt Oktave. Und dass der tiefe Ton X und der hohe Ton x bei einer Oktave maximal harmonieren, liegt daran, dass das Verhältnis der Saitenlänge bzw. der Frequenzen (Schwingungszahl oder Anzahl der Schwingungen pro Sekunde) den einfachstmöglichen aller Brüche bilden. Ist SL die Saitenlänge und F die Frequenz, dann gilt: $SL(x) = \frac{1}{2} SL(X)$ und $F(X) = \frac{1}{2} F(x)$. Dass „maximales harmonieren" und „maximal einfacher Bruch" zusammenfallen, ist übrigens wieder mal typisch Mathematik. Und dass SL und F so

Und nicht nur diese einfachen Intervalle, auch die komplizierteren hatten sie schon mathematisch im Griff und wussten etwa schon, dass die Sept in der Dur-Tonleiter mit dem Grundton das Frequenzverhältnis 243:128 bildet. Die alten Griechen wussten eigentlich schon: wenn man ein Klavier baut (also sie haben damals noch keine Klaviere gebaut, aber sie wussten: wenn man ein Klavier *baute*) müsste man zwischen zwei weiße Tasten eigentlich zwei schwarze Tasten einbauen (vermutlich *haben* sie deswegen auch keine Klaviere gebaut, die alten Griechen). Nämlich zwischen F und G zum Beispiel ein *wahres* Fis mit der Schwingungszahl $\frac{4}{3} \cdot \frac{25}{24}$ und ein *wahres* Ges mit der Schwingungszahl $\frac{3}{2} \cdot \frac{24}{25}$.[18] 2000 Jahre später sagten sich die Klavierbauer:[19] Der Unterschied zwischen diesen beiden Zahlen

$$\frac{3 \cdot 24}{2 \cdot 25} - \frac{4 \cdot 25}{3 \cdot 24} = \frac{9 \cdot 24^2 - 8 \cdot 25^2}{6 \cdot 24 \cdot 25}$$

das ist ein ziemlich kleiner Zähler mit einem Riesennenner – das hört doch kein Schwein (das sagten sie natürlich nicht, aber dachten sie sich so ungefähr), nahmen einfach den Mittelwert und bauten nur *eine* schwarze Taste zwischen zwei weiße Tasten.

---

schön gekoppelt sind (halbe Saitenlänge gibt doppelte Frequenz) mal wieder typisch Physik. Das Ganze geht auch mit Luftsäulen (Flöte, Trompete, Orgel). Allerdings ist da „das Draufdrücken in der Mitte" noch schwieriger.

18 Schwingungszahl bezogen auf den Grundton C mit der Schwingungszahl 1. Es geht hier um die Ton-Verhältnisse. Mit absoluten Frequenzen (Kammerton a = 440 Hertz etc.) stimmt das natürlich auch alles, wird aber *noch* mühsamer in der Beschreibung. Das mit Fis und Ges wissen viele Klavierspieler nicht. Es ist ein kleiner, aber existierender Unterschied, ob man in G-Dur die 7te Stufe (Fis) oder in Des-Dur die 4te Stufe (Ges) intoniert. Bei einem ganz sauber intonierenden Geiger könnte man das hören! (Hieraus – Stichwort: „ganz sauber intonierender Geiger" – ließe sich zwanglos ein schöner Bratschistenwitz weiterspinnen, was wir uns aber, da Bratschistenwitze zwar schön, aber orchesterpolitisch sehr unkorrekt sind, verkneifen.)

19 Genauer: Andreas Werckmeister, Musiktheoretiker und Organist an der Martinskirche zu Halberstadt, forderte in seiner Schrift „Musicalische Temperatur" von 1691 die „wohltemperierte" Stimmung (Fachausdruck: gleichschwebende Temperatur), die sich, auch dank Bachs Wohltemperierten Klavier, schnell als Stimmung für Klavierinstrumente und Orgeln durchsetzte.

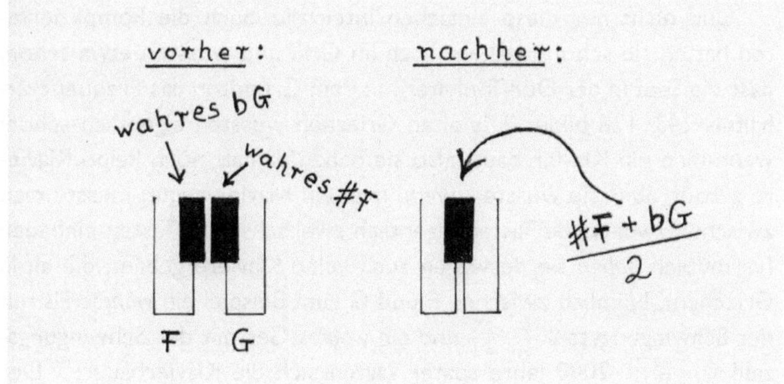


Und wer Klavier spielt weiß: *eine* schwarze Taste zwischen zwei weißen ist schwer genug! (Natürlich baute man vor der Erfindung der
wohltemperierten Stimmung auch nur eine schwarze Taste dazwischen.
Aber mit der Maßgabe: sollte man sich während eines Stückes zu weit
von der Ausgangstonart entfernen, muss man kurz unterbrechen, den
Stimmschlüssel zücken, das Publikum bitten: „Bitte halten Sie die Spannung", das Fis in ein Ges umstimmen und kann dann erst weiterspielen.
Jetzt erst hatte man wirklich *einen* Ton auf jeder Taste.)

Und um die Musiktheorie ein bisschen mathematisch aufzulockern:
Durch die Mittelwerte wird die Oktave in 12 Halbtöne mit *gleichen*
Abständen unterteilt. Ist also h die Verhältniszahl („der Bruch"), mit
der ich die Frequenz eines Tones multiplizieren muss, um einen Halbton
höher zu erhalten, dann gilt (wenn etwa $F(C)$ die Frequenz des Tons C
ist etc.):

$$F(Cis) = h \cdot F(C)$$

$$F(D) = h \cdot F(Cis) = h \cdot h \cdot F(C) = h^2 \cdot F(C)$$

$$F(Dis) = h \cdot F(D) = h \cdot h^2 \cdot F(C) = h^3 \cdot F(C)$$

und nach 12 Halbtonschritten mit c gleich dem Ton eine Oktave über
dem C

$$F(c) = h^{12} \cdot F(C)$$

Nun wissen wir aber für die Oktave

$$F(c) = 2 \cdot F(C),$$

also

$$h^{12} \cdot F(C) = F(c) = 2 \cdot F(C),$$

oder

$$h^{12} = 2$$

oder

$$h = \sqrt[12]{2}$$

und es wird Sie sicher nicht mehr erschüttern, zu erfahren, dass die zwölfte Wurzel aus 2 auch eine ziemliche Irrsinnszahl ist. Und der allmählich aufkeimende Eindruck, die Welt sei voller Irrsinnszahlen, trügt Sie nicht.[20]

---

20 Jetzt ist es auch an der Zeit, die seit Fußnote 11 herrschende unerträgliche Spannung wegen des obigen „um's Verrecken keinen Bruch finden" *endlich* aufzulösen. Die erste Irrsinnszahl, die als solche gefunden wurde, war also die $\sqrt{2}$. Und $\sqrt{2}$ ist ja nicht irgendwas an den Haaren Herbeigezogenes, sondern taucht ja in so etwas Einfachem und Ordentlichem, wie es jedes Quadrat darstellt, sofort auf. (Zeichnen sie ein Quadrat. Messen sie die Kantenlänge *nicht*, sondern nennen Sie sie einfach a; das geht nämlich für alle Quadrate. Zeichnen Sie eine Diagonale (egal welche), und schauen Sie sich eines der beiden Dreiecke (egal welches) mal genauer an. Es gibt also den so hilfreichen rechten Winkel. Und jetzt berechnen Sie die Länge der Diagonale d: Ganz einfach: $d^2 = a^2 + a^2$, also $d^2 = 2a^2$, also $d = \sqrt{2} \cdot a$. Da ist sie schon, die $\sqrt{2}$.) Nun entdeckte Pythagoras als junger Mann, dass sich etwa die Intervalle der in der Musik gebräuchlichen Töne ganz wunderbar mit Zahlen (= Brüchen) beschreiben ließen. Wie alle Entdecker musste er gleich wieder übertreiben und folgerte, dass sich *alles* mit Zahlen beschreiben lässt und verkündete stolz: „Alles ist Zahl!" Und da für Pythagoras Zahl gleich Bruch bedeutete, folgt daraus zusammengefasst: „Alles ist Bruch!" Eine Einsicht voll tiefer Weisheit. Aber bei Pythagoras war das noch völlig optimistisch gemeint, und mit „Alles ist Zahl!" begründete er ja, Lob und Preis sei ihm für alle Zeiten, tatsächlich den Ansatz der exakten Wissenschaften. Heute wird niemand mehr behaupten, *alles* sei Zahl. Dafür haben die Physiker, bis hin zu Maxwell und Einstein, Heisenberg und Schrödinger, gezeigt, dass man mit Zahlen verdammt viel verdammt genau beschreiben kann. Das war der heroische Teil von Pythagoras' Leben. Jetzt kommt das tragikomische Nachspiel. Pythagoras war nämlich nicht nur ein luzider Naturwissenschaftler, sondern auch ein bisschen ein religiöser Spinner, der nicht nur Brüche berechnete,

Jedenfalls: mit solchen Dingen schlugen sich die alten Griechen erfolgreich herum. Einer dieser alten Griechen hatte bereits den Erdumfang ziemlich genau mit 40 000 km bestimmt. (Natürlich nicht in km sondern in Stadien.[21] Aber die Umrechnung kommt erstaunlich gut an unsere 40 000 km ran.) Und das ohne Atlas, ohne Satellitenfotos, ohne PC. Ja nicht mal Google hatten die damals! Nur mit da oben (das ist da, wo man sich an die Stirn fasst), *nur* mit selber nachdenken!

Ich will damit nur andeuten: Wir glauben, weil wir unsere Briefe nicht mehr mit der Hand schreiben, sondern in den Computer hacken und abends ein bisschen im Internet herumzäppen, seien wir alle irgendwie technisch-wissenschaftlich-fortschrittlich. Was das Denken anlangt, sind wir im Vergleich zu diesen alten Säcken (um es im unfeierlichen Jargon unserer Schuljugend zu sagen) vor 2500 Jahren die reinsten Waisenknaben. Allerdings mit 2 Millionen Mega-Bytes. Und 3 Milliarden Giga-Flops.

Die alten Griechen lösten mal schnell mit Papier und Bleistift die Aufgabe: Ein Maibaum mit 20 m Höhe wirft in Obertuntenhausen einen Schatten von 2,50 und in Untertuntenhausen einen Schatten von 2,49.

---

sondern z. B. auch den Genuss von Bohnen verbot (worüber man auch wieder, aber lassen wir das). Jedenfalls waren ihm seine Zahlen (= Brüche) heilig, im Alter wurde er, wie es so geht, etwas halsstarrig, und als sein Schüler Hippasos nachwies, dass diese alberne $\sqrt{2}$ (in jedem lächerlichen Quadrat!) kein Bruch sein kann, war Pythagoras not amused, sah sein heiliges Weltbild („Alles ist Bruch") in die Brüche gehen und ordnete (in religiösen Kreisen ist immer sehr schnell Schluss mit lustig) die Todesstrafe an, was einige seiner willfährigen Anhänger – so erzählt es die Legende – anlässlich einer Schiffsfahrt erledigten, indem sie Hippasos sozusagen über die Planke laufen oder wenigstens über Bord gehen ließen. Und deswegen kann man auch heute noch als bayerischer Mathematiker sagen: „Sie werden um's Verrecken keinen Bruch finden, der diese blöde $\sqrt{2}$ wiedergibt." Und auch wenn diese Legende nur eine Legende ist, ist sie doch eine schöne Parabel vom Fortschritt in der Wissenschaft.

21   Griechische Fahrer rechneten nicht in l [Liter] Benzin auf 100 km sondern in Fuder Heu auf 10 Stadien.

Wie groß ist der Erdumfang (wenn Untertuntenhausen genau 1 km südlich von Obertuntenhausen liegt)? Fangen Sie schon mal an zu rechnen![22]

Und wir heute? Ein Inserat aus einer Zeitung, 2500 Jahre nach Pythagoras:

> *Excel-Tipp: Aktuelles Alter kalkulieren lassen*
> Das Lebensalter einer Person lässt sich mit Microsofts Tabellenkalkulation Excel recht einfach *aus dem Geburtsdatum* bestimmen. Dazu springt man mit dem Cursor an die Position, wo …

Naturwissenschaften in Deutschland? Astrologie 1 bis Astrologie 3, Wünschelrutengehen und der Pannenkurs für Frauen. Und Sie wollen wissen, wie alt Sie sind? Schalten Sie Ihren Computer an und … Meine Damen und Herren, wir gehen finsteren Zeiten entgegen.

---

22   Für ganz eifrige Leser: bitte nicht anfangen! Ich habe das mit dem Maibaumschatten in Ober- und Untertuntenhausen *nicht* nachgemessen. Außerdem kannten die alten Griechen keine Bleistifte. Und keine Maibäume. Aber *im Prinzip* könnte man das rechnen.

# 12
# Endlich die Fuge
# *oder*
# Von numerologischem Nutz und Unnutz

Am Anfang dieses Buches stand ja gleich die 5-Euro-Frage betreffs der ersten vier Takte von Bachs berühmten Präludium Nr. 1. Jetzt, nachdem wir hier seitenlang und intensivst ernsthafte Polyphonie-Studien betrieben haben,[1] wird es wirklich allmählich Zeit für die korrespondierende große 500-Euro-Frage (die 500 Euro sind hier natürlich rein allegorisch) betreffs des ganzen Werkes: Präludium und Fuge Nr. 1 aus dem Wohltemperierten Klavier, 1. Band (im folgenden kurz WK1, BWV 846).

So Sie eine Aufnahme des WK1 besitzen,[2] hören Sie sich jetzt bitte diese beiden Stücke an (die, soweit mir bekannt, auf dem CD-Player immer mit #1 und #2 anzusteuern sind[3]). Wenn Sie das WK1 nicht besitzen, legen Sie sofort dieses Buch zur Seite und laufen Sie zum

---

1     Das war ironisch. Aber sicher ist sicher.

2     Die Aufnahme *muss* nicht von Glenn Gould sein. Glenn Gould ist phantastisch, aber es gibt auch andere schöne Einspielungen des WK1 (und, nicht zu vergessen, WK2).

3     Kleine Übungsaufgabe. Sie besitzen eine CD mit WK1 und WK2 (jeweils 24 Präludien und Fugen). Sie wollen Präludium Nr. x bzw. Fuge Nr. y aus dem WKz anhören. Zu welcher Nummer müssen Sie mit Ihrem CD-Player skippen? Erst selber rech-

CD-Händler Ihres Vertrauens. Hans von Bülow (großer Pianist, großer Dirigent, höchst witziger Briefeschreiber, aber leider fast nur mehr berühmt als der wegen Wagner verlassene Ex von Liszts Tochter Cosima) sagte einmal: das WK ist das Alte Testament des Pianisten, und die Beethoven-Sonaten sind sein Neues Testament. Da ist sehr viel dran. (Das gilt nicht nur für Pianisten, sondern in gewissem Sinn für alle Musikfreunde.)

Aber falls Sie keine Lust haben, in die Stadt zu fahren (weil's gerade so furchtbar spannend ist), dann hören Sie sich jetzt bitte die beiden nächsten Nummern auf der beigelegten CD an: Präludium und Fuge Nr. 1 (ohne große pianistische Ambitionen an einem schlichten Keyboard eingespielt). Es geht hier zunächst mal nur um die Übermittlung der Information einer bestimmten Anordnung von akustischen Schwingungen. Und diese ganz sachliche Einspielung ist insofern besonders gut geeignet, als Sie jetzt gerade nicht kulinarisch-kennerisch schwelgen oder in mystische Höhen entschweben, sondern Ihre Ohren spitzen und ganz nüchtern zuhören sollen, damit Sie die nun wirklich gleich folgende 500-Euro-Frage (die Euro wie gesagt nur allegorisch) beantworten können.

---

nen! Die bei Schülern garantiert kommende Antwort (Schüler *sind* gewitzt): „Das müsste hinten auf dem CD-booklet stehen" gilt jetzt auch nicht. Also? (Lösung: $(z-1) \cdot 24 \cdot 2 + 2(x-1) + 1$ bzw. $(z-1) \cdot 24 \cdot 2 + 2y$. Ist die Mathematik nicht wahnsinnig praktisch für den Alltag?)

Hören Sie sich BWV 846 vollständig an (Präludium und Fuge Nr. I aus dem WK I). Welche Zahl wird durch dieses Werk verschlüsselt?[4]

CD #30
CD #31

a) 10    b) 12    c) 14    d) 24

Und welche der vier Zahlen haben Sie jetzt rausgehört? Noch mal anhören? Also machen wir's kurz (nachdem das mit den 500 Euro ja ohnehin nur allegorisch war): Alle 4 Zahlen sind in dieser Musik versteckt. Die 14 sogar zwei Mal! Das haben Sie jetzt *nicht* rausgehört? WIE hören Sie sich eigentlich Musik an?!

Aber, der Reihe nach.

Bachs Präludium ist (wie erwähnt) bei Anfängern und Amateuren sehr beliebt, weil es in C-Dur steht was i. a. verheißt: keine Vorzeichen, keine schwarzen Tasten. Nun überwältigt dieses Stück auch nicht durch wagnerische Ausschweifungen, sondern bleibt immer schlicht in seinem Rahmen. Aber nach Hänschen-klein-ging-allein klingt es auch nicht, und für C-Dur ist ganz schön was los. Insbesondere ließ es sich Bach nicht nehmen, neben den 7 Tönen der C-Dur-Tonleiter C, D, E, F, G, A, H auch die 5 Nicht-C-Dur-Töne zu verwenden: Cis, Es, Fis, As und B. Diese 5 gehören nicht zur C-Dur-Leiter, wie die etwas seltsamen

---

4   Diese beiden Stücke erklingen hier vor allem wegen der Quizfrage unmittelbar hintereinander, aber auch, damit diese beiden Königskinder, die in der realen Welt so selten zueinander finden, wenigstens hier auch ein Mal als Ganzes wahrgenommen werden. Und es geht nicht nur um die so gerne unterschlagene Fuge. Vom Präludium erklingt seit Jahren wöchentlich (wie eingangs erwähnt: als Jingle im Bayerischen Fernsehen) nur der Anfang. Eine verbreitete Unsitte. So werden in Radio-Magazinen (auch beim ansonsten löblichen Deutschland-Funk) Textbeiträge gerne durch klassische Musik gepuffert. Und wenn man noch 2′32″ Luft hat, nimmt man eben von irgend einem Stück die ersten 152 Sekunden und würgt es dann ab. Titel und Komponist werden auch nie genannt. (Vermutlich aus schlechtem Gewissen.) Wenn Sie sich ein schönes Gemälde kaufen (oder realistischer ein schönes Repro) – eine dralle Holländerin von Frans Hals oder eine magere Büglerin von Picasso, den Hasen von Dürer, eine Ballettmaus von Degas oder einen auf dem Kopf stehenden stehenden Akt von Baselitz (der Geschmack ist ganz egal) – jedenfalls werden Sie da auch nicht die linke obere Ecke abreißen (bei Baselitz die rechte untere) und sich über's Sofa hängen. Aber bei Musik darf man's ja machen!

Namen schon andeuten,[5] und sind als 5 schwarze Tasten inmitten von 7 weißen sozusagen die schwarzen Schafe des C-Dur-Klangraumes.[6]

Dass in einem C-Dur-Stück auch eine schwarze Taste auftaucht, ist nichts Besonderes. Dass aber in einem recht kurzen und bewusst schlichten Vorspiel alle 5 schwarzen Tasten und Nicht-Leiter-Töne auftreten, hat schon Methode. Die wohltemperierte Stimmung erlaubte es erstmals, dass innerhalb *eines* Stückes, auch für ein Tasteninstrument, alle 12 Töne (7 Leiter-Töne plus die 5 Nicht-Leiter-Töne[7]) benutzt werden, ohne (Sie erinnern sich an die Klaviere mit jeweils 2 schwarzen Tasten, die die alten Griechen gerade *nicht* gebaut haben) dass der Pianist unterbrechen muss, um, je nachdem ob Fis oder Ges dasteht, mit dem Stimmschlüssel seine jeweils drei Saiten umzustimmen. Das war jetzt möglich, und das demonstriert Bach symbolisch im allerersten Stück seines großen Werkes, das er ja „das Wohltemperierte Klavier" nannte. (Und in dem er etwa dieselbe Taste im Präludium, Takt 14, als

---

5    Nur „B" klingt ganz vernünftig und tanzt aus der -is- und -s-Reihe der Cis, Es usw. Und das ist wirklich eine der schönsten, oder blödesten, jedenfalls krausesten, Schrullen der Kulturgeschichte. Fast überall auf der Welt, außer in Deutschland, bezeichnet B unseren Ton H (und wenn er unser B meint, sagt der Engländer etwa „B flat"). Damit wäre dann die Urtonart a-moll mit A B C D E F G endlich alphabet-konform (bei uns: A H (!) C D E F G). (a-moll ist identisch mit der alten Kirchentonart äolisch, schlägt quasi die Brücke von den mittelalterlichen zu den neuzeitlichen Tonarten und darf deswegen sozusagen mit dem ersten Buchstaben im Alphabet anfangen.) Der Grund für dieses Durcheinander war ein Noten kopierender Mönch, der bei einem gotischen b den unteren Strich versemmelte, so dass ein gotisches h herauskam. (Oder, *ganz* anders herum: eine Fliege, die aus einem gotischen h gezielt ein gotisches b machte.) Es wäre wirklich vernünftig, diese Eselei endlich rückgängig zu machen. So wie auch bei der Rechtschreibreform einiges vernünftig wäre. Etwa „aufwändig". Aber erstens krampft sich bei einem ordentlichen deutschen Musikfreund die Brust zusammen, wenn Schuberts Unvollendete plötzlich in b stünde. Und Beethovens große Hammerklaviersonate in Bes!! (Noch viel schlimmer als bei „aufwändig"!) Und zweitens: Wie sollen wir unseren Kindern künftig die Notennamen auf den Linien im Violinschlüssel (E G H D F) beibringen? Etwa mit: „**Es geht burtig durch Fleiß**"?! Eben.

6    Die Welt ist nicht immer so klar aufgeteilt wie im klassischen Western und in C-Dur. In Fis-Dur etwa sind die schwarzen Schafe die weißen Tasten.

7    Nachdem ohnehin kaum noch einer E-Technik studiert, erspare ich mir weitere Erläuterungen betr. Leiter und Nicht-Leiter.

As und in der zugehörigen Fuge, Takt 12, als Gis verwendet.) Insofern ist dieses (raffinierte und gleichzeitig ganz schlicht angelegte) Präludium Nr. 1 sozusagen das „erste 12-Ton-Stück der Musikgeschichte".[8]

---

8   Es kommen alle 12 Töne darin vor. Schönberg hat dann lediglich darüberhinausgehend noch verlangt (auf Grund einer Art basisdemokratischen Grundhaltung, etwa vergleichbar dem Rotationsprinzip, das einmal bei den Grünen herrschte), dass, bevor ein Ton wieder dran ist, erst mal alle anderen elf drankommen (und zwar in einer vorab festgelegten Reihenfolge). Was das Leben ja auch nicht einfacher gemacht hat. Dass Fis und Ges nicht mehr unterschieden werden, ist aber eine logische Voraussetzung für Schönbergs 12-Ton-Musik. Und Bachs Präludium, das berühmteste C-Dur-Stück der Musikgeschichte, steht streng genommen gar nicht mehr mit 2 Beinen im sicheren C-Dur, sondern schwebt bereits ganz leicht abgehoben im koordinatenfreien 12-Ton-Raum.
Das zweite fast-12-Ton-Stück der Musikgeschichte ist etwa die bereits erwähnte kleine Gigue von Mozart (KV 574). Das Stück steht im 6/8-Takt und in den Takten 21, 22 spielen beide Hände durchgehend Achtel. Wenn man die unmittelbar benachbarten 2 Achtel der Linken in Takt 20 und das unmittelbar benachbarte Achtel der Rechten in Takt 23 dazu nimmt, erhält man die folgenden 12-Ton-Ballungen:

Alle 12 verschiedenen Töne in nur
(1)   13 Noten der rechten Hand (Takte 21, 22 + 1. Achtel Takt 23)
(2)   13 Noten der linken Hand (die zwei letzten Achtel Takt 20 + Takt 21 + Takt 22 ohne das letzte Achtel)
(3)   15 Noten: 12 von Takt 21 + 3 Nachbarnoten (1. Achtel Takt 22 rechts + die zwei letzten Achtel Takt 20 links)
(4)   14 Noten: 12 von Takt 22 + 2 Nachbarnoten (1. Achtel Takt 23 rechts + letztes Achtel Takt 21 links)
Das WK I entstand 1722, Mozarts Gigue 1789. Zwischen den über das ganze Stück verstreuten 12 verschiedenen Tönen des Präludiums Nr. 1 und dieser 4-fachen Ballung von 12 verschiedenen Tönen in nur 2 Takten liegen nur 67 Jahre, also ein Menschenleben (vgl. etwa C. Ph. E. Bach 1714–1788, Gluck 1714–1787, F. X. Richter 1709–1789).

Bei der nächsten CD-Einspielung sind die 5 Nicht-Leiter-Töne klanglich herausgehoben, und man spürt, dass sie „Farbe" in das klare Hänschen-klein-C-Dur bringen.[9]

Mit den ganz bewusst demonstrierten 12 verschiedenen Tönen im C-Dur-Präludium wäre Antwort b) schon mal richtig. Aber jetzt kommt „das dicke Ende des Präludiums", die Fuge.

Zur Fuge gibt es zwei Nachrichten. Eine gute, und eine schlechte. Die gute: Eine Fuge besteht eigentlich nur aus einem einzigen Thema. Die schlechte: dieses Thema setzt ziemlich oft hintereinander und in verschiedenen Stimmen ein. Erst kommt es in der ersten Stimme, dann kommt die zweite Stimme mit dem Thema dazu, dann die dritte, die vierte, das Thema wird verkleinert oder vergrößert, gespiegelt oder umgekehrt, oder auch mal gespiegelt *und* umgekehrt (sog. Spiegelkrebs), die Themeneinsätze kommen immer dichter hintereinander (sog. Engführung) – und irgendwann ist das Ganze so durcheinander und gestaut, dass man das Gefühl hat, jetzt ginge gar nichts mehr vorwärts.[10]

Das Thema der Fuge haben Sie sicher identifiziert. Erstens, weil es oft genug dran kam, und zweitens, weil es ganz am Anfang geradezu auf dem Präsentierteller dargeboten wird. Man kann sogar definitorisch sagen: Das Fugenthema ist das, was man am Anfang hört, bis die zweite Stimme dazukommt.[11] Das Thema der C-Dur-Fuge ist also:

---

9    Die Töne der schwarzen Tasten in C-Dur nennt man nicht „farbig" sondern chromatisch, was allerdings griechisch und dasselbe ist. Jedenfalls kann man sagen: gerade die schwarzen Tasten machen C-Dur bunter und reicher.

10   Weswegen etwa der Boogie-Woogie als Tanzmusik deutlich populärer geworden ist als die Fuge.

11   Man sollte diese frühe Chance nutzen, um das Thema gleich am Anfang zu erkennen, sich zu vergegenwärtigen und sich einzuprägen. Fugen haben die Tendenz, schnell etwas unübersichtlich zu werden. Wenn Sie dann mittendrin plötzlich anfangen, etwas raushören zu wollen, wird's schnell zappenduster. Im Übrigen ist das Fugenthema nicht nur das Grundmaterial für den weiteren kontrapunktischen Aufbau (was schon sehr viel ist). Es ist auch die Keimzelle, die bereits den ganzen Bewegungsablauf, den Charakter und die Architektur des Stückes enthält. Und mitzuverfolgen, wie da ein Musikstück mit einem Fugenthema sozusagen nackt und bloß geboren

Wie viele Noten sind das? 14. Damit wäre Antwort c) schon mal richtig, aber das ist natürlich ein bisschen dünn. Man könnte ja etwa auch einfach alle Noten dieser Fuge abzählen, erhielte etwa die Zahl 873, und könnte dann kühn behaupten, diese Fuge verschlüsselte die Zahl 873. So billig geht's nicht.

Und deswegen greifen wir jetzt auf eine Methode zurück, die immer hilft, wenn man in/aus einen/einem Text einen/eine tieferen/höhere Sinn/Bedeutung hinein-/herauslesen will. Man ersetzt Buchstaben durch ihre Platzziffer im Alphabet

| A | B | C | D | E | F | G | H | I | J | K | ... |
|---|---|---|---|---|---|---|---|---|---|---|---|
| 1 | 2 | 3 | 4 | 5 | 6 | 7 | 8 | 9 | 10 | 11 | ... |

und fängt an zu addieren. Und was erhält man damit etwa für "Bach"?

BACH = B + A + C + H $\hat{=}$ 2 + 1 + 3 + 8 = 14. Und aus wie viel Noten bestand das Fugenthema?!? Seh'n Sie!

Man kann mit dieser Methode natürlich auch überall blühenden Unsinn heraus-/hineinlesen.[12] Aber hier ein „Bach" als eine Art Signatur

---

wird, sich gemäß seiner motorischen Kraft und gemäß seines architektonischen Potentials voll und reich entfaltet, um schließlich nach seiner, dem Thema zugemessenen Entfaltungszeit majestätisch und feierlich oder still und ernst wieder zur Ruhe zu kommen – dem nachzuspüren, das gehört schon zu den ganz großen Genüssen des Hörens klassischer Musik.

12  Diese Methode wird gerne benutzt, um geheimen Zusammenhängen zwischen Wörtern und Namen nachzuspüren. Man erkennt etwa sofort, dass numerologisch W. A. MOZART = 23 + 1 + 93 = 61 + 56 = DIETER BOHLEN (hoffentlich erzählt ihm das keiner, sonst schnappt er über). Und, noch verblüffender, für seinen Partner Thomas Anders gilt ANDERS = 61 = BRAHMS (ausgerechnet Brahms). Übrigens ist THOMAS = 56 = BOHLEN, die beiden sollten sich also endgültig gut vertragen. Und, um meinen Namen auch mal einzubringen, man sieht sofort, dass MOZART + PAUL = 93 + 50 = 143 = 69 + 74 = MODERN TALKING. Irgendwas kann da nicht stimmen! (Oder: Wer suchet, der findet.)

gleich in der Eröffnungsfuge ist gewiss kein Zufall. (Außerdem kommt die 14 gleich noch mal ins Spiel.)

Aber erst noch: wie oft taucht dieses Fugenthema in unserer Fuge auf? Sie können die obige CD-Einspielung noch mal abhören und mitzuzählen versuchen (ziemlich schwer). Sie können auch die nächste CD-Einspielung abhören, bei der ich im Präludium die chromatischen Töne akustisch markiert habe, und bei der Fuge die Themeneinsätze (mittelschwer). Sie können auch einfach beim nächsten Abschnitt weiterlesen und mir einfach alles glauben (gar nicht schwer). Aber etwas selber rauszufinden macht mehr Spaß. Kindern sowieso. Auch noch Jugendlichen (auch wenn sie's erst nicht glauben wollen, weil's nicht cool ist). Und sogar Erwachsenen (die ja eigentlich gar nicht mehr cool sein müssen). Und um späteres Noch-ein-Mal-Abhören zu vermeiden, gleich noch etwas. Sie werden vorhin beim Abhören der Fuge sicher gemerkt haben, dass diese Fuge aus zwei Teilen besteht. Zur „Halbzeit" kommt sie auf dem Ton A in a-moll kurz zum Stehen.[13] Zählen Sie bitte die Themeneinsätze im ersten Teil vor dieser Zäsur und die Themeneinsätze im zweiten Teil nach dieser Zäsur. (Mit einer unschwierigen kleinen Rechnung erhält man dann daraus auch die Anzahl der Themeneinsätze insgesamt.) Also:

CD #33  Präludium mit herausgehobenen chromatischen Tönen

CD #34  Fuge mit markierten Themeneinsätzen

Wenn Sie richtig gezählt haben (und richtig gerechnet!) haben Sie jetzt 10 Themeneinsätze im ersten Teil, 14 Themeneinsätze im zweiten Teil und 24 Themeneinsätze insgesamt. Wer's nicht glaubt kann sich die Fuge noch mal anhören und die Zahl 24 an Hand der auf der nächsten Doppelseite abgebildeten Partitur mit nummerierten Einsätzen überprüfen.

---

13 Das hört man auch, wenn man a-moll nicht als a-moll erkennt. Man spricht von einem Trugschluss in der Moll-Parallele. a-moll ist die verhaltene Schwester der umtriebigeren C-Dur-Tonart. Sie gehören zusammen, weil beide dieselben Töne in ihren Tonleitern benutzen. (Nur startet die eine bei A, die andere bei C). In C-Dur ist man, auf einem a-moll-Akkord sitzend, also ein bisschen „wie zuhause" und kann Kraft schöpfen für neue Abenteuer, die dann auch prompt mit einer geharnischten Engführung zu Anfang des zweiten Teiles einsetzen.

Was 24 bedeutet ist klar. Die wohltemperierte Stimmung ermöglicht es, in einem Stück alle 12 Tonstufen zu verwenden und in einem Werk alle (zu jeder Tonstufe gibt es die Dur- und die Mollvariante) $12 \cdot 2 = 24$ Tonarten zu verwenden. Beides demonstriert Bach, zum ersten Mal in der Musikgeschichte, in seinem WK I. Und er kündet diese Großtat an mit seinen 12 Tönen im ersten Präludium und seinen 24 Themeneinsätzen in der ersten Fuge.

Die 14 (Anzahl der Themeneinsätze nach der Zäsur) haben wir schon als Verschlüsselung von „Bach" enttarnt. Was ist mit der 10 (Anzahl der Themeneinsätze vor der Zäsur)? Wir gehen in unsere raffinierte Codierungstabelle und finden als 10ten Buchstaben das J. J wie Johannes. „10 Pause 14" ist also nichts anderes als J. BACH. Bach bekennt sich in den beiden Eröffnungsstücken seines großen Werkes mit 12 und 24 zu den neuen Errungenschaften der wohltemperierten Stimmung und identifiziert sich stolz damit, indem er sein Werk gleich zwei Mal signiert, einmal mit 10.14 und einmal, noch intimer, durch die 14 Noten des ersten Fugenthemas. Und *das* alles zusammen ist ganz gewiss kein Zufall.

Solche numerologischen Geheimniskrämereien kommen in Bachs Werk auch noch an einigen anderen Stellen vor. So etwas zu wissen macht Spaß (das Herausfinden macht noch mehr Spaß[14] ) – ist aber nicht wirklich entscheidend. Genauso wenig wie das Erkennen der raf-

---

14 Das Schreckliche an der Zahlenmystik ist: wenn man mal angefangen hat, kann man einfach nicht mehr aufhören. So eröffnet etwa das beliebte Konzept der *Quersumme* (die Summe der Einzelziffern einer Zahl, z. B. $\overline{14} = 1 + 4 = 5$) vielfältige und weiterreichende numerologische Forschungsmöglichkeiten. Ist Ihnen nicht aufgefallen: wenn man die Quersumme der Anzahl der Fugenthemennoten mit der Quersumme der BWV-Nummer multipliziert, was kommt dann raus ($\overline{14} \cdot \overline{846} = 5 \cdot 18$)? Na?? Die Schlüsselzahl zu SEBASTIAN ($= 90$). Johann SEBASTIAN Bach! Wahnsinn. Und nachdem die Anzahl der Stimmen dieser Fuge 4 ist, hat die 4 hier natürlich auch tiefere Bedeutung. So gilt für die 4 (!) Schlüsselzahlen 10, 12, 14 und 24

$$(\overline{10} + \overline{12} + \overline{14} + \overline{24}) \cdot 4 = 10 + 12 + 14 + 24$$

(bitte nachrechnen). Noch eleganter wäre natürlich, die Schreibweise $\overline{10 + 12 + 14 + 24}$ einzuführen und festzulegen, $\overline{10 + 12 + 14 + 24}$ bedeute $\overline{10} + \overline{12} + \overline{14} + \overline{24}$. Ob das aber auch wirklich immer gleich ist, wäre eine

# Fuga I

finierten Konstruktionshilfen einer Fuge: Verkleinerung, Vergrößerung, Engführung, Umkehrung, Spiegelung, Spiegelkrebs.[15] Auch das Raushören macht Spaß, ist aber zunächst für den rein musikalischen Genuss nicht nötig.[16] Eine alte Kirche ist einfach schön, auch wenn man nicht weiß, wo die Gerüste standen, wie der statische Druck abgeleitet wird, warum die Kuppel nicht einstürzt und wo einmal der Lastkran montiert war.[17]

Das gilt ganz besonders für die Fugen aus Bachs Wohltemperiertem Klavier. Polyphonie ist ein Wunder. Und diese Fugen sind ein Wunder im Wunder. Denn sie sind trotz ihres handwerklich-intellektuell kontrapunktischen Baus auch immer rein emotional überzeugende Musikstücke, manchmal sogar hochemotionale Charakterstücke wie Preludes von Chopin. Das gilt nicht unbedingt für diese Eröffnungsfuge, in der sich Bach betont altmeisterlich-handwerklich gibt, um sozusagen (insbesondere durch heftiges Engführen im zweiten Teil) dem p.p. Publikum gleich mal zu demonstrieren, was eine Harke (von Fuge) ist. Aber hören sie sich mal die Fugen in a, g, b, Fis oder E aus dem (seltsa-

---

Übungsaufgabe für Fortgeschrittene. Aber zumindest gilt:

$$\overline{(10 + 12 + 14 + 24)} = \overline{(\overline{10} + \overline{12} + \overline{14} + \overline{24})}$$

(bitte auch nachrechnen). Ist das nicht hübsch?

15  Der gespiegelte Krebs bedeutet: das Thema von hinten nach vorne und die Intervalle statt rauf runter bzw. statt runter rauf. Aber das ist jetzt auch nicht so wichtig. Jedenfalls sind diese Techniken nicht nur raffiniert sondern auch altehrwürdig. Die berühmten alten Niederländer haben das bereits Jahrhunderte vor Bach virtuos betrieben.

16  Sie brauchen also beim Anhören einer Fuge im Konzertsaal nicht mit Kennermiene bei jedem Themeneinsatz wissend-lächelnd mit dem Kopf zu nicken. Oder gar laut mitzuzählen. Das beeinträchtigte Ihren Hörgenuss und den Ihrer Nachbarn. (Und wenn Sie insbesondere bei dieser Fuge, bei den geballten Engführungen am Anfang des zweiten Teils, jedesmal nicken, riskieren Sie, dass ein besorgter Sitznachbar ihretwegen einen Arzt ruft.)

17  Wer solche kontrapunktischen Tricks in einer Fuge im Stile eines heiteren Eugen-Roth-Gedichtes („Die Fuge fängt meist harmlos an, verdichtet sich allmählich dann, noch dichter wird's ab Seite 3, manch einer wünscht, sie wär vorbei ...") kennen lernen möchte, sei freundlich auf eine Bearbeitung von Bachs c-moll-Fuge aus dem WK2 des Autors, erschienen bei Schott (Mainz) verwiesen.

merweise) nicht so oft gespielten zweiten Band des Wohltemperierten Klaviers an. Das ist erschöpfend und vollendet formuliert: Zorn, Kampf, Ernst, Heiterkeit und Verklärtheit. Und wenn Sie WK1 und WK2 wirklich nicht als CD besitzen, dann jetzt aber los![18]

---

18  Diese Fußnote hat eigentlich nur den Zweck, die Anzahl der Fußnoten auf 18 zu erhöhen. Dann gilt nämlich: Anzahl der Fußnoten des Kapitels über Präludium und Fuge Nr. 1 mit der BWV-Nr. 846 = Anzahl der Fugenthemennoten + Anzahl der Fugenstimmen = Quersumme der BWV-Nummer ($18 = 14 + 4 = \overline{846}$) !!! DAS kann kein Zufall sein.

# 13
# Wie man mit wirklich *sehr* großen Mengen umgeht
# *oder*
# Endlich unendlich!

Wir müssen zum Schluss noch mal auf die berühmten Äpfel und Birnen der Mengenlehre zurückkommen. Sie wissen schon: 4 Äpfel, 3 Birnen, 7 Obst. Die Äpfel und Birnen tauchten übrigens schon in den Rechenfibeln der alten Volks- und Elementarschulen auf, allerdings strikt getrennt, da man gemäß einer alten Rechenweisheit Äpfel nicht mit Birnen zusammenzählen soll.[1]

---

[1]  Viele vertraute Redensarten sind nicht mehr unbedingt alltagstauglich. Wenn etwa meine Mutter meint, etwas sei keinen Pfifferling wert, frage ich sie, ob sie wisse, wie heute der Pfifferling auf dem Münchner Viktualienmarkt gehandelt würde. Und was das Addieren von Äpfeln und Birnen anlangt, bin ich mir auch nicht sicher, ob wirklich jeder Erstklässler weiß, was eine Birne ist. Die Birne war früher ein Allerweltsobst, und in jedem Garten stand ein Birnbaum (oft auch an der Hauswand „am Spalier gezogen"). Die rezente Birne (von heute) hingegen hat sich, beschränkt auf die beiden Edelsorten Abate und Alexandra (die gemeine deutsche Hutzelbirne ist scheint's nicht mehr nachweisbar) vollständig in die Verkaufsregale des gehobenen Obstfachhandels zurückgezogen. Aber vielleicht sollte man die Schulkinder ohnehin statt mit Äpfeln und Birnen mit Gummibärchen und Smarties rechnen lassen. Da Gummibärchen auch in kleinen Tüten (mit i. a. Gummibärchenmengen der Mächtigkeit 9) angeboten werden, die man wiederum, enthalten in großen Tüten, erwerben

Jedenfalls, wenn man eine Menge Äpfel und eine Menge Birnen hat (und Sie dürfen das Wort „Menge" hier ganz arglos lesen, wie „ein Haufen Äpfel und ein Haufen Birnen") und man wissen will, ob die beiden Mengen gleich groß sind (ob es gleich viele sind), dann gibt es zwei Methoden.

Die nahe liegende, aber auch etwas einfallslosere Methode ist (sog. Buchhaltermethode): Sie zählen die Äpfel durch, notieren das Ergebnis mit einem schwarzen Stift auf der rechten Hälfte einer Doppelseite, Sie zählen die Birnen durch, notieren das Ergebnis mit einem roten Stift auf der linken Seite dieser Doppelseite und ziehen Bilanz.

Die einfachere und trotzdem subtilere Methode (sog. Kindergartenmethode) geht so. Sie nehmen mit der linken Hand einen Apfel, mit der rechten Hand eine Birne, legen beide seitlich ab, oder, was diese mühsame Tätigkeit etwas angenehmer machte, sie beißen schnell von beiden ein Stückchen ab um sie dann mit der Markierung „angebissen" (= wurde bereits berücksichtigt) zurückzulegen, oder – und das wäre die ordentlichste Variante – Sie legen die beiden immer paarweise in einer ordentlichen Reihe ab.[2]

---

kann, eignen sich derartig abgepackte „Goldbären" auch hervorragend als Propädeutik zur Einführung des so schwierigen Begriffs einer Menge von Mengen.

2    Kinder bewerkstelligen die Aufgabe des operativen Vergleichs von Mengen dergestalt, dass sie immer mit der linken Hand ein Gummibärchen und mit der rechten ein Smartie ergreifen und so die beiden Vergleichsmengen sukzessive und paarweise aufessen.

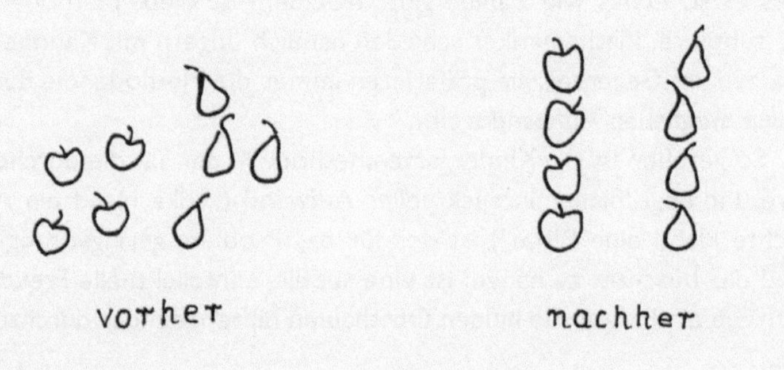



Gleich viele sind es dann, wenn am Schluss alle Äpfel und Birnen schön ordentlich pärchenweise aufgereiht sind.[3] Es bleiben keine Äpfel übrig, es bleiben keine Birnen übrig, jeder Apfel hat seine Birne, jede Birne hat ihren Apfel.[4]

Diese zweite Methode ist tatsächlich einfacher als die Buchhaltermethode (auch wenn's vielleicht etwas länger dauert). Denn Sie müssen dabei nicht zählen. Sie müssen für diese Methode nicht einmal wissen,

---

3  Bei ungleichen Mengen fragen Kinder, ob sie zur Belohnung für die operative Mengenvergleichstätigkeit (sukzessives paarweises Aufessen bis zur Erschöpfung der ersten Menge, vgl. Fußnote 2) die anfallende Restmenge (jetzt *nur* mehr Gummibärchen oder *nur* mehr Smarties) auch noch aufessen dürfen. Deswegen sollte man als verantwortungsbewusster Erzieher bei operativer Mathematik mit Erstklässern und Vorschulkindern wirklich nur mit endlichen bzw. *sehr* endlichen (kleinen) Mengen arbeiten.

4  Eine alte schwäbische Volksweisheit, die ich meiner Schwiegermutter verdanke, weiß zu berichten: „A jed's Töpfle find't soi Deggele." (Mathematisch: Zu jedem Kochtopf $K_0$ existiert (mindestens) ein Topfdeckel $D_1$, sodass die Relation „$D_1$ passt auf $K_0$" erfüllt ist.) Diese Weisheit ist mit einem gewissen eineindeutig verschärften Hintersinn (d. h. pro Topf nur genau ein Deckel und vice versa) auch für Anwendungen in dem so schwierigen Mann/Frau-Verhältnis gedacht. Allerdings ist man in heutigen Zeiten sowohl beim Kochen als auch im richtigen Leben (Frau vs. Mann) sehr oft (und sehr oft vergeblich) auf der Suche nach seinem Deckel (oder auch Topf).

dass es so etwas wie Zahlen gibt. Trotzdem ist diese Methode auch die subtilere. Mathematiker schießen nämlich ungern mit Kanonen auf Spatzen, im Gegenteil, sie präferieren immer die Methode, die den geringst möglichen Aufwand treibt.

So gesehen ist die Kindergartenmethode in der Tat die durchdachtere. Ihr begrifflicher intellektueller Aufwand („linke Hand ein Apfel, rechte Hand eine Birne") ist der für das Problem geringst-mögliche. Und das beachtet zu haben, ist eine subtilere intellektuelle Freude als stur wie ein Panzer die beiden Obsthaufen hintereinander durchzuzählen.

Weil Methode 2 ohne Zahlen auskommt, ist sie auch für nomadische Kulturen geeignet, in denen nach der Methode „1, 2, 3, viele" gezählt, aber trotzdem Viehzucht mit Herden mit einer Stückzahl von n Tieren ($n > 3$) getrieben wird. Der diensthabende Hirte muss lediglich in der Früh, wenn die Tiere durch das Gatter (relativ) einzeln ihren Pferch verlassen, für jedes (ohne Beschränkung der Allgemeinheit) Schaf[5] ein Steinchen ablegen. Abends, wenn die Schafe wieder in den Pferch getrieben werden, muss er pro Schaf wieder ein Steinchen wegnehmen. Dann ist zuverlässig erkennbar, ob alle Schafe zurückgekehrt sind, wie viele evtl. verloren gegangen sind (Steinchen ohne Schafe)

---

5    Der Dichter darf im Kontext „Viehzucht und Tierhüten" unbesorgt plötzlich von „Tier" auf „Schaf" umschalten. Er verlässt sich darauf, dass der Leser, gebannt durch die lebendige Vorstellung eines konkreten Schafes, von jetzt an nicht mehr schemenhaft an irgendwelche abstrakten weidefähigen Paarhufer (oder dgl.) denkt, sondern widerspruchslos nur noch an Schafe. Ein schreibender Mathematiker muss auch an die Möglichkeit denken, dass ein anderer Mathematiker seinen Text liest und die plötzliche Ersetzung von „Tier" durch „Schaf" mit der hämischen Frage benörgelte: „Soso, für Schafe klappt das also. Aber was ist mit Ziegen? Oder Rentieren? Oder Kamelen?" (Immer gleich auf die extremen Randfälle gehen!) „Gilt das da nicht?" Für diesen Fall gibt es die mathematische Floskel „ohne Beschränkung der Allgemeinheit" (abgekürzt o. B. d. A.), die man, wann immer man seine Darstellung poetisch pars pro toto verdichtet, als Absicherung gegen nörgelnde Siebengescheite und hämische Neunmalkluge bei Ersetzung des totus (Tier) durch den pars (Schaf) sicherheitshalber unmittelbar vor letzterem einschiebt. Ein Schaf ist also ein Schaf. Aber ein „o. B. d. A. Schaf" ist jedes Schaf *und* jeder im Kontext Hüten und Weiden dem Schaf funktionsisomorpher sonstiger Säuger. (Jetzt könnte man noch einwenden, dass es auch Schlangenfarmen gibt, aber jetzt mag ich nicht mehr.)

oder ob es vielleicht gelang, von einer Nachbarherde das eine oder andere Tier dazuzugewinnen (Schafe ohne Steinchen).[6]

Zwei gleich große Mengen bedeutet also: Jedes Schaf ein Steinchen, jedes Steinchen ein Schaf. Oder: Jeder Apfel hat seine Birne, jede Birne ihren Apfel. Oder: Jedes Töpfle find't sein Deggele. Und jedes Deggele sein Töpfle.

Bei kleinen Mengen kann man das tatsächlich einzeln, sozusagen händisch, auflisten. Wie groß ist etwa die Menge aller geraden Zahlen kleiner oder gleich 10?

$$1 : 2$$
$$2 : 4$$
$$3 : 6$$
$$4 : 8$$
$$5 : 10$$

Die geraden Zahlen $\leq 10$ (also $2, 4, 6, 8, 10$) sind hier paarweise mit den ersten fünf Zahlen aufgelistet. Diese Menge ist also gleich groß der Menge der ersten fünf Zahlen.[7]

Wenn man die Menge der geraden Zahlen $\leq 100$ bestimmen soll, hat man i. a. keine Lust mehr, das einzeln aufzuführen. Aber man könnte

---

6     Das bedeutet für Viehdiebe: Wenn man plant $m < n$ Schafe zu stehlen, sollte ein Komplize vom Kontrollsteinhäufchen vor dem Pferch möglichst unauffällig m Steinchen verschwinden lassen. Für die Viehdiebstahlpraxis wäre so gesehen die Fähigkeit bis m zählen zu können durchaus vorteilhaft. Sie ist aber nicht grundsätzlich nötig! So müssen Viehdieb und Komplize bei einem konspirativen Treff am Vorabend lediglich zwei gleichgroße Steinhaufen erstellen und es muss jeder einen davon in der Hosentasche mitführen, um am nächsten Tag präzise gemäß „Jedes Steinchen ein Schaf" (Dieb) bzw. „Jedes Steinchen ein Steinchen" (Komplize) vorzugehen. Man sieht: Für viele Buchführungsaufgaben bräuchte man eigentlich gar keine Zahlen. Nur viele viele Steinchen.

7     Wenn Sie sich jetzt fragen, warum der Autor so geschwollen drumherumredet, statt einfach zu sagen es seien 5 Stück, dann haben Sie völlig Recht. Aber wenn man hier einfach plump zählte, entriete man sich einer schönen Möglichkeit, Mengen zu vergleichen, der wir uns in Hinsicht kommender Aufgaben nur ungern entraten lassen wollen.

ganz elegant sagen: wenn $n$ von 1 bis 50 läuft, dann liefert $2n$ der Reihe nach die geraden Zahlen $\leq 100$:

$$n = 1\ 2\ 3\ 4 \ldots 48\ 49\ 50$$
$$2n = 2\ 4\ 6\ 8 \ldots 96\ 98\ 100$$

Also ist die Menge der geraden Zahlen $\leq 100$ so groß wie die Menge der ersten 50 Zahlen.[8]

Aber mit dieser vollständigen Pärchenbildung $n$, $2n$ (die alle Zahlen von 1 bis 50 und alle geraden Zahlen $\leq 100$ erfasst) kann man auch die Menge aller geraden Zahlen überhaupt paarweise auflisten:

$$n = 1\ 2\ 3\ 4 \ldots$$
$$2n = 2\ 4\ 6\ 8 \ldots$$

Und wir sehen: es gibt unendlich viele ganze Zahlen. Was ja noch nicht allzu verblüffend ist. Wir sehen aber auch: es gibt genauso viele gerade Zahlen, wie es überhaupt ganze Zahlen gibt. Zur ganzen Zahl $n$ gibt es die gerade Zahl $2n$. Und zur geraden Zahl $x$ gibt es, da sie gerade sein soll, eine ganze Zahl $n$, so dass $x : 2 = n$, also gehört zu $x$ dieses $n$. Jede ganze Zahl hat ihre gerade Zahl und jede gerade Zahl hat ihre ganze Zahl. Jeder Apfel eine Birne und jede Birne einen Apfel. Tut mir leid, es sind gleich viele.[9]

Falls Sie noch nicht verunsichert sind – Sie sollten es sein. Denn wir haben jetzt tatsächlich die Situation, dass ein Teil einer Menge (die geraden Zahlen bilden ja sozusagen nur die Hälfte aller ganzen Zahl) so groß ist wie die Gesamtmenge. Bei endlichen Mengen wäre das grober Unfug. Aber unendlich ist eben doch ein bisschen anders. (Es wäre ja auch langweilig, wenn nicht.) Und unendlich ist *so* groß, dass die Hälfte von unendlich immer noch unendlich ist, aber kein neues „kleineres"

---

8  Wie Fußnote 7. Nur 50 statt 5.

9  Und deswegen haben wir vorhin nicht „5 Stück" oder „50 Stück" gesagt, sondern „gleich groß". Hier kann man eben nicht mehr sagen, es seien soundsoviele Äpfel und soundsoviele Birnen. Aber man kann immer noch feststellen, dass beide Mengen gleich groß sind.

unendlich, sondern – unendlich ist unendlich – wieder *das* unendlich von dem wir ausgegangen sind. Also, nachdem $\infty$ das Zeichen für unendlich ist:

$$\infty : 2 = \infty \quad \text{oder} \quad 2 \cdot \infty = \infty$$[10]

Jetzt haben wir uns also mit den ersten Abgründigkeiten des Unendlichen vertraut gemacht und schreiten mutig weiter: wir vergleichen die Menge aller ganzen Zahlen und die Menge aller Brüche. Die ganzen Zahlen sind ja wohlvertraut:

$$1, 2, 3, 4, \ldots$$

Und die Brüche schreiben wir jetzt auch mal schön der Reihe nach hin. Erst alle „Eintel" ($\frac{1}{1}, \frac{2}{1}, \frac{3}{1}, \frac{4}{1} \ldots$), damit wir diese seltsamen Eintel-Brüche gleich mal erledigt haben. In der Zeile darunter alle Halben ($\frac{1}{2}, \frac{2}{2}, \frac{3}{2}, \frac{4}{2}, \ldots$) dann, in der nächsten Zeile, alle Drittel ($\frac{1}{3}, \frac{2}{3}, \frac{3}{3}, \frac{4}{3}, \ldots$) usw. usw. Insgesamt sieht das dann so aus:

$$
\begin{array}{ccccc}
\frac{1}{1} & \frac{2}{1} & \frac{3}{1} & \frac{4}{1} & \cdots \\[6pt]
\frac{1}{2} & \frac{2}{2} & \frac{3}{2} & \frac{4}{2} & \cdots \\[6pt]
\frac{1}{3} & \frac{2}{3} & \frac{3}{3} & \frac{4}{3} & \cdots \\[6pt]
\frac{1}{4} & \frac{2}{4} & \frac{3}{4} & \frac{4}{4} & \cdots \\[6pt]
\vdots & \vdots & \vdots & \vdots & \ddots
\end{array}
$$

Darin taucht wirklich jeder nur denkbare Bruch genau einmal auf. So findet sich der Bruch $\frac{m}{n}$ mit irgendeinem $m$ im Zähler und irgendeinem $n$ im Nenner genau in der Zeile $n$ (die ja alle $n$-tel auflistet) in der $m$-ten Spalte (da ja von links nach rechts beginnend mit $\frac{1}{n}$ die $n$-tel hochgezählt werden).[11]

---

10  Wir erinnern an das Kleine Einmaleins amazonischer oder neuguineischer Eingeborenenstämme in dem ebenfalls galt: $2 \cdot$ viele $=$ viele. Die obige Wendung „unendlich ist unendlich" war natürlich ganz naiv zu lesen wie etwa „versprochen ist versprochen". Wer das Leben kennt, weiß aber, dass in Wirklichkeit „versprochen" leider doch nicht immer gleich „versprochen" ist. Wir werden darauf bzgl. „unendlich" noch zurückkommen. Versprochen!

Da aber viele Leute die Menge aller Brüche als etwas bedrohlich empfinden, vergleichen wir jetzt nicht die ganzen Zahlen und die Brüche, sondern wieder eine Menge Äpfel und eine Menge Birnen.

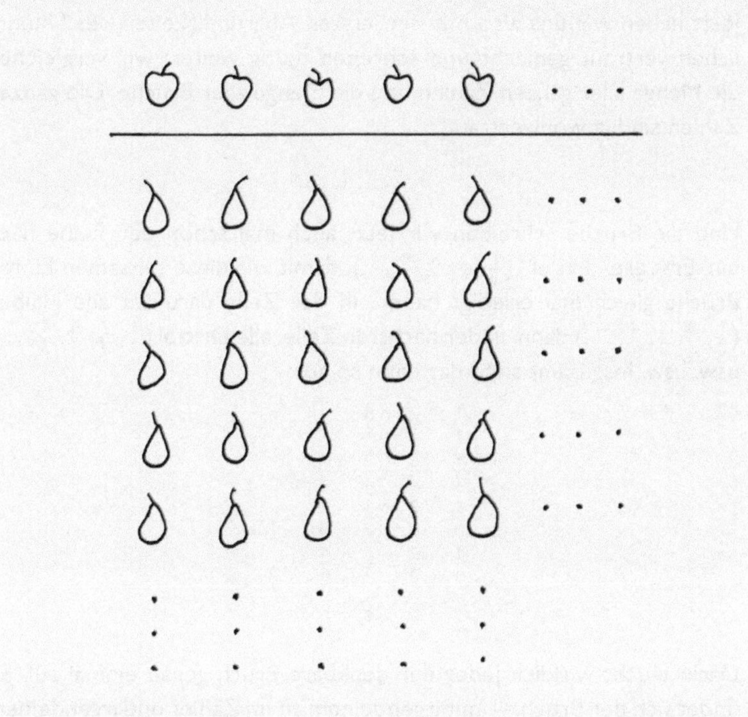

Und wie gehabt nehmen wir mit der linken Hand einen Apfel, mit der rechten eine Birne, legen die beiden ordentlich ab, und weiter: linke Hand ein Apfel, rechte Hand eine Birne usw. usw.[12]

---

11  Wenn Sie jetzt missbilligend feststellen sollten, dass einige dieser Brüche den gleichen Wert haben (z. B. $\frac{1}{2} = \frac{2}{4} = \frac{3}{6}$ oder $\frac{2}{1} = \frac{4}{2} = \frac{6}{3}$), haben Sie wiederum recht. Aber das tut nichts. Wir betrachten hier *alle möglichen* Brüche, auch wenn Brüche mit gleichem Wert dabei sein sollten.

Ein kleines Problem haben wir, wenn wir uns darauf versteifen, ganz stur als erstes die oberste Zeile Birnen abarbeiten zu wollen. Da dauert es sehr lange, bis wir mal zur zweiten oder gar dritten und vieren Zeile kommen. Und deswegen durchlaufen wir die Birnen nicht zeilenweise, sondern im Zick-Zack:

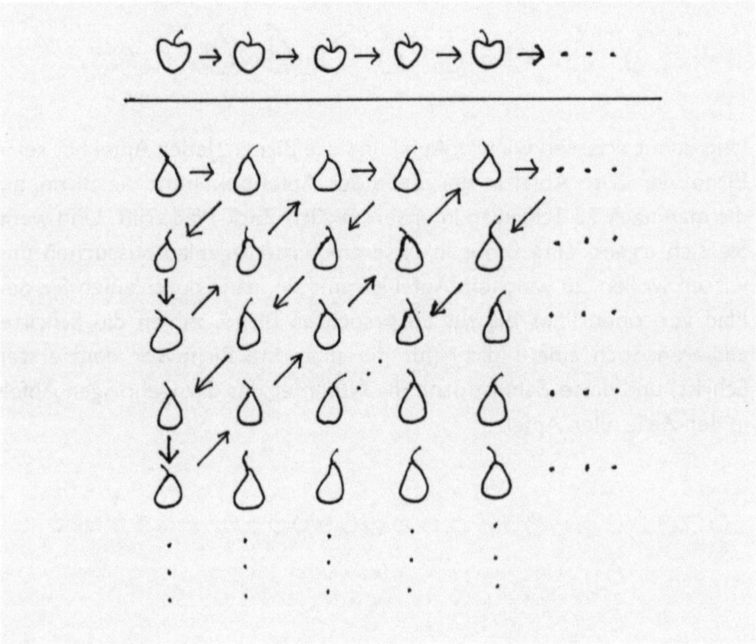

12  Die Methode des Markierens durch Anbeißen ist hier nicht zu empfehlen, da ab einer gewissen Anzahl von Äpfeln das Pektin auf die Verdauung durchschlagen könnte.

Sie sehen: so kommt jede Zeile mal dran und insgesamt auch jede Birne irgendwann einmal. Und wenn wir jetzt schön unsere Pärchen der Reihe nach ablegen erhalten wir:

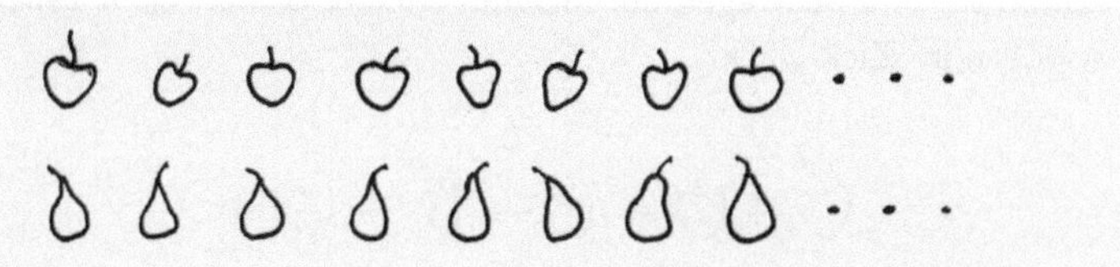

Und damit erfassen wir *alle* Äpfel und *alle* Birnen. Jeder Apfel hat seine Birne: der 26te Apfel in der Zeile der Äpfel bekommt die Birne, auf die man nach 25 Schritten in unserem Zick-Zack-Pfad trifft. Und wenn Sie sich irgend eine Birne in unserem Birnenlageplan aussuchen und wissen wollen, zu welchem Apfel kommt sie, dann durchlaufen Sie den Pfad von oben links bis zur ausgesuchten Birne, zählen die Schritte, addieren noch eine 1 dazu (für die allererste Birne vor dem ersten Schritt) und diese Zahl ist dann die Nummer des dazugehörigen Apfels in der Zeile aller Äpfel.

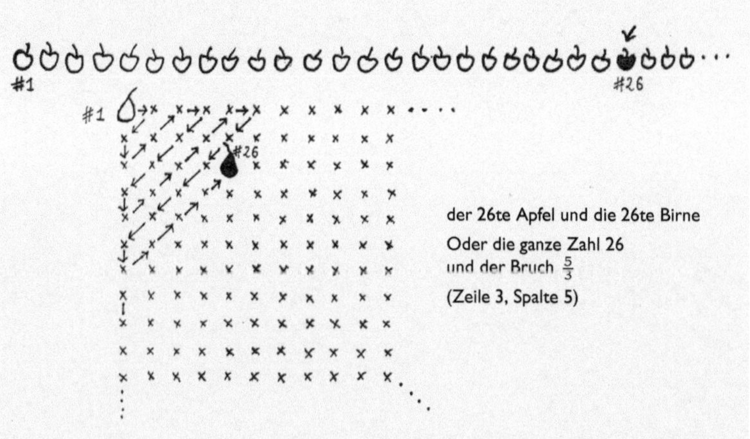



Alle Äpfel, alle Birnen. Jeder Apfel hat seine Birne, jede Birne ihren Apfel. Tut mir leid, es sind wieder gleich viele. Unsere Birnenmenge ist wieder genauso groß wie unsere Apfelmenge oder: die Menge aller Brüche ist genauso groß wie die Menge der ganzen Zahlen.[13]

Und spätestens jetzt sollten Sie schon mal wenigstens einen Moment verunsichert sein. Zur Erinnerung: alleine zwischen 1 und 2 kann man durch fortgesetztes halbieren, dritteln, vierteilen, fünfteln etc. etc. (oder auch elfteln oder quintillionsteln, was Sie wollen!) jeweils ganz schnell unendlich viele Brüche erzeugen. Und genauso zwischen 2 und 3, oder zwischen 3 und 4, 4 und 5, überall.[14] Und innerhalb dieses unendlich dichten Gewusels von Brüchen liegen ganz weit verstreut, ganz einsam, dick und breit[15] die wenigen ganzen Zahlen. Trotzdem haben wir gerade gesehen: es gibt letztlich doch nicht mehr Brüche als ganze Zahlen. Verunsichert? Aber es stimmt wirklich. Und allen Ungläubigen zum Trost: Als Cantor diesen Beweis einem Mathematikerkollegen brieflich mitteilte, antwortete der: „Ich sehe es, aber ich glaube es nicht."

---

13  Nur für ganz penible Leser! Sollten Sie sich lediglich auf die Menge aller wertmäßig *verschiedenen* Brüche versteifen (vgl. Fußnote 11), dann wäre wie folgt zu argumentieren: Die Menge aller möglichen Brüche ist gleich groß der Menge aller ganzen Zahlen. Die Teilmenge der untereinander verschiedenen Brüche ist jedenfalls nicht größer. Da aber bereits die Folge $\frac{1}{1}$, $\frac{1}{2}$, $\frac{1}{3}$, $\frac{1}{4}$ ... eine Menge untereinander verschiedener Brüche liefert, die gleichgroß der Menge aller ganzen Zahlen ist, muss gelten: die Menge aller untereinander verschiedenen Brüche ist *auch* gleich der Menge aller ganzen Zahlen. Tut mir leid, dass es jetzt doch noch kompliziert wurde, aber genau ist nun mal genau. Aber vielleicht haben Sie ja diese Fußnote auch gar nicht gelesen!

14  Zur Verdeutlichung: Fortgesetztes Elfteln liefert etwa im 2. Schritt die 120 neuen Brüche $\frac{1}{121}$, $\frac{2}{121}$, ..., $\frac{120}{121}$. Und damit etwa zwischen 3 und 4 die 120 neuen Brüche $3\frac{1}{121}$, ..., $3\frac{120}{121}$, oder, da $3 \cdot 121 = 363$ die Brüche $\frac{364}{121}$, $\frac{365}{121}$, ..., $\frac{483}{121}$. Das wären in unserem Schema alle Brüche in Zeile 121 von der 364sten bis zur 483sten Reihe.

15  In der Urfassung stand hier noch „breitärschig". Die Frage, ob eine ganze Zahl „breitärschig" sein kann, hat aber zu heftigen Disputen mit anderen Mathematikern geführt, weswegen ich diese plastische Formulierung als von nur mehr philologischem Interesse in diese Fußnote verbannt habe. Ich tröste mich mit Goethes Ur-Faust und seinem Vers „Musst' all die starken Worte mindern, aus Schuft mach Kerl, aus Arsch mach Hintern."

In Kapitel 11 hatten wir also festgestellt, dass es „irgendwie" viel mehr Brüche als ganze Zahlen geben muss und daraus ganz stolz gefolgert, dass es anscheinend zwei Sorten von „unendlich" geben muss. Jetzt haben wir wiederum, wenn auch nur ungläubig staunend, gesehen, dass es trotzdem nur *ein* „unendlich" zu geben scheint. Um aber am Ende dieses Buches auch noch die letzten Klarheiten über die Unendlichkeit zu beseitigen, fragen wir jetzt bloß noch, ganz unschuldig: Wie viele Zahlen gibt es eigentlich insgesamt zwischen 1 und 2?

Und um wirklich alle Zahlen zu erfassen, betrachten wir jetzt tatsächlich *alle* Zahlen der Bauart $1, z_1 z_2 z_3 z_4 \ldots$ wobei die $z_1 z_2 z_3 z_4 \ldots$ jeweils alle möglichen Ziffern von 0 bis 9 sein können.

Sie kennen das als „Dezimalbrüche". Die beiden ganzen Zahlen 1 und 2 tauchen dabei natürlich auch auf. Die 1 als $1, 000 \ldots$ Und die 2 als $1, 9999 \ldots$ Vielleicht haben Sie mit Ihrem Taschenrechner ja auch schon mal die Erfahrung gemacht, dass $1 + 1$ nicht 2 ist sondern $1, 9999 \ldots$ Es ist ein bisschen umständlich, kommt aber letztlich auf's selbe raus.

Sämtliche „richtigen" Brüche kann man natürlich auch als Dezimalbrüche schreiben. Bei einigen ist das sehr einfach ($\frac{1}{2} = 0, 5$), bei einigen immer noch ziemlich einfach ($\frac{1}{4} = 0, 25$), bei einigen nicht mehr *ganz* so einfach ($\frac{1}{8} = 0, 125$, $\frac{1}{32} = 0, 03125$). Bei einigen ist es allerdings etwas umständlicher. So ist $\frac{1}{3} = 0, 333 \ldots$ oder $\frac{1}{7} = 0, 142857142857142857 \ldots$[16] Aber alle Brüche ergeben entweder einen endlichen Dezimalbruch (wie $\frac{1}{8} = 0, 125$) oder einen periodischen Dezimalbruch, bei dem sich eine bestimmte Periode (bei $\frac{1}{3}$ die einstellige Periode 3, bei $\frac{1}{7}$ die sechsstellige Periode 142857) ad infinitum wiederholt.

---

16     Für alle, die das nicht glauben: ein bisschen experimentelle Mathematik. Rechnen Sie mal 1 : 7, so wie Sie's mal in der Grundschule gelernt haben. Schon lang nicht mehr gemacht? 1 durch 7 geht nicht, 0 dazu, 10 durch 7 geht 1 Mal, Rest 3. 0 dazu macht 30, 30 durch 7 geht 4 Mal, $30 - 28$ gibt Rest 2, 0 dazu macht 20, durch 7 ... Na geht doch! Jedenfalls nach 6 Schritten kriegen Sie den Rest 1 und sind wieder so weit wie am Anfang. Also 0 dazu, 10 durch 7 geht 1 mal, Rest 3 ... und Sie sehen, das ganze Spielchen fängt wieder von vorne an, bis Sie nach 6 Schritten *wieder* Rest 1 haben. 1 durch 7 geht nicht, 0 dazu, 10 : 7 gibt Rest 3 und von Neuem ... Aber *jetzt* wissen Sie, warum man so was einen *periodischen* Dezimalbruch nennt.

Es sind aber auch Dezimalbrüche denkbar, bei denen nicht irgend-wann nur noch Nullen kommen (z. B. $\frac{1}{8} = 0,125 = 0,125000\ldots$) oder bei denen sich irgendeine Periode wiederholt, sondern bei denen sozusagen jede neue Stelle eine neue Überraschung ist. Wenn beim Dezimalbruch für $\frac{1}{7}$ etwa die millionste Stelle eine 8 ist, muss die mil-lionunderste Stelle – die Periode lautet 142857 – natürlich die 5 sein. Ganz einfach.[17]

Wenn Sie allerdings bei so einem unendlichen *nicht*-periodischen Biest von Dezimalzahl wissen, die millionste Stelle ist eine 8, so nützt Ihnen das gar nichts. Es könnte auf der millionundersten Stelle gleich noch mal die 8 folgen. Oder auch die 7. Oder die 9. Eine 0 ist aber auch nicht auszuschließen. Oder eine 1? Vielleicht auch mal wieder die 2. Eine 3 oder die 4 sind aber auch möglich. Es könnte aber auch die 5 sein. Oder die 6. Es geht einem hier wie einem Roulette-Spieler, der penibel die Ergebnisse der letzten Million Spiele aufgezeichnet hat und jetzt verzweifelt nach einem Muster sucht, um jetzt auf die richtige Zahl zu setzen. Er wird kein Zahlenmuster, keine Periode finden. Neues Spiel, neues Glück! $z_{1000001}$ ist, auch wenn ich $z_1$ bis $z_{1000000}$ kenne, nicht vorhersagbar.

Solche Zahlenbiester sind nicht nur Denkmöglichkeiten, es gibt sie wirklich. Ich darf zum letzten Mal auf den Sonnenstrahleneinschlags-punktedistanzdehnungskoeffizienten für die gemäßigten Zonen verwei-sen: $\sqrt{2}$. Und jetzt kommt das große Aha. $\sqrt{2}$ war eine „Irrsinnszahl", weil es unter den irrsinnig vielen Brüchen n/m keinen gibt, der $\sqrt{2}$ kor-rekt wiedergibt. Die Brüche aber sind genau die endlichen oder perio-

---

17 Wir sagten: *wenn* die millionste Stelle eine 8 ist, *dann* muss die nächste Stelle eine 5 sein. Aber sind diese beiden Stellen wirklich die 8 und die 5? Nun, es gilt: $1000001 = 6 \cdot 166666 + 5$. Also hat sich in $\frac{1}{7} = 0, z_1 z_2 z_3 \ldots$ 166666 mal die 6-stellige Periode 142857 wiederholt, und jetzt ist die fünfte Ziffer die-ser Periode dran, und das ist hier die 5. Und die millionste Stelle ist natürlich, da $1000000 = 6 \cdot 166666 + 4$ die vierte Ziffer aus der Periode, also die 8. Also, für die, die es wirklich wissen wollen: $z_{1000000}$ und $z_{1000001}$ lauten bei $\frac{1}{7}$ tatsächlich 8 und 5.

dischen Dezimalbrüche. Also sind die unendlichen nicht-periodischen Biester von Dezimalbrüchen genau unsere Irrsinnszahlen.[18]

Es gibt also die ganzen Zahlen und die Brüche. Und erst wenn man die Irrsinns- oder Biesterzahlen (unendliche nicht-periodische Dezimalzahlen) dazu nimmt, erhält man wirklich *alle* Zahlen. Aber jetzt, ganz unabhängig davon, noch mal die Frage: wie viele Zahlen gibt es insgesamt zwischen 1 und 2, wenn wir alle Zahlen, also alle Zahlen der Bauart $1, z_1 z_2 z_3 z_4 \ldots$ zulassen?

Wenn man sie etwa der Größe nach anordnete, ergäbe sich etwa so eine Liste:

$$1, 000 \ldots \qquad\qquad (= 1)$$

$$1, 2 \qquad\qquad \left(= 1\tfrac{1}{5} = \tfrac{6}{5}\right)$$

$$1, 25 \qquad\qquad \left(= 1\tfrac{1}{4} = \tfrac{5}{4}\right)$$

$$1, 333 \ldots \qquad\qquad \left(= 1\tfrac{1}{3} = \tfrac{4}{3}\right)$$

$$1, 41 \quad \text{und paar Zerquetschte} \qquad (= \sqrt{2})$$

---

18 Natürlich kann man die millionunderste Stelle von $\sqrt{2}$ berechnen. Aber das macht Arbeit! Vorhin war gemeint: wenn man die millionste Stelle (oder irgendeine Stelle) des Dezimalbruchs zu $\tfrac{1}{7}$ kennt, kann man sofort, ohne rechnen und probieren, aus dem Muster der Periode die nächste Stelle korrekt angeben. Bei $\sqrt{2}$ nutzt Ihnen die millionste Stelle nichts, auch nicht die Kenntnis aller Stellen von der ersten bis zur millionsten. Es gibt kein Muster für eine Vorhersage, man muss mühsam durch Rechnen und Probieren Stelle für Stelle erarbeiten. Jetzt könnte man vermuten: vielleicht ist eine Million Stellen zu wenig, aber nach 2 Millionen Stellen erkennt man ein Muster? Nein, wenn eine Zahl kein Bruch ist, gibt es kein noch so langes Muster, das sich wiederholt. Man könnte höchstens sagen: die Periode von $\sqrt{2}$ ist unendlich lang. Aber dann sind wir genauso schlau und wissen – nichts. Jedenfalls sehen Sie, welcher Sprengstoff in der nonchalanten Feststellung steckt: $\sqrt{2}$ ist $1, 4$ „und paar Zerquetschte".

$$1,42857142857\ldots \qquad (= 1\tfrac{3}{7} = \tfrac{10}{7})^{19}$$
$$1,5 \qquad\qquad\qquad (= \tfrac{3}{2})$$
$$1,75 \qquad\qquad\quad\ (= \tfrac{7}{4})$$
$$1,9 \qquad\qquad\qquad (= 1\tfrac{9}{10} = \tfrac{19}{10})$$
$$1,99 \qquad\qquad\quad (= \tfrac{199}{100})$$
$$1,9999\ldots \qquad\quad (= 2)$$

Natürlich kann es eine *vollständige* Auflistung der Größe nach *nicht* geben. Gleich die erste Zahl nach $1,0$ macht Probleme. $1,1$ ist es natürlich nicht. $1,01$ auch noch nicht und $1,001$ auch nicht. Aber $1,0001$? Natürlich immer noch nicht, weil $1,0001$ noch kleiner ist. Sie sehen: das zieht sich.

Also, so einfach geht's sicher nicht. Aber die Menge aller denkbaren Brüche war ja auch etwas unübersichtlich, und trotzdem war es, dank des Zick-Zack-Tricks, möglich, sie in eine ordentliche Reihenfolge zu bringen. Also nehmen wir einmal an, die Menge *aller* Zahlen zwischen 1 und 2 sei so groß wie die Menge aller ganzen Zahlen. Dann können wir pärchenweise („ein Apfel, eine Birne") die beiden Mengen „auf die Reihe bringen"

$$\begin{array}{cc} 1 & Z_1 \\ 2 & Z_2 \\ 3 & Z_3 \\ \vdots & \vdots \end{array}$$

und $Z_n$ ist dann die $n$-te Zahl in unserer Aufreihung aller Zahlen zwischen 1 und 2. Und jetzt wird es – aber schließlich befinden wir uns jetzt auch auf den letzten Seiten eines dicken Buches über Mathematik – doch noch *ein* Mal so richtig mathematisch-eklig-furchterregend:

---

19 Wir hatten $\tfrac{1}{7} = 0,142857\ldots$ Also, mal 10 genommen, $\tfrac{10}{7} = 1,42857\ldots$ Und weil $\tfrac{10}{7} \cdot \tfrac{10}{7} = \tfrac{100}{49}$ sind wir knapp über $\tfrac{100}{50} = 2$. Also ist $\tfrac{10}{7}$ ein bisschen größer als $\sqrt{2}$. Da $71^2 = (70+1)(70+1) = 70^2 + 2\cdot 70\cdot 1 + 1^2 = 4900 + 140 + 1 = 5041 > 5000$, ist $(\tfrac{100}{71})^2 = \tfrac{10000}{5041} < \tfrac{10000}{5000} = 2$. Also ist $\tfrac{100}{71} < \sqrt{2}$. Und da $\sqrt{2} < \tfrac{10}{7} = \tfrac{100}{70}$ gilt insgesamt: $\tfrac{100}{71} < \sqrt{2} < \tfrac{100}{70}$. Damit sind wir schon ziemlich nah dran – aber *ganz* werden wir's nie schaffen.

Hilfe! Jetzt kommen doppelte Indices. Aber ganz cool bleiben. Wir haben der Reihe nach die Dezimalbrüche $Z_1$, $Z_2$, $Z_3$, ... Und damit wir uns auch über die einzelnen Dezimal*stellen* dieser Zahlen unterhalten können schreiben wir

$$Z_1 = 1, z_1^1 z_2^1 z_3^1 z_4^1 \ldots$$
$$Z_2 = 1, z_1^2 z_2^2 z_3^2 z_4^2 \ldots$$
$$Z_3 = 1, z_1^3 z_2^3 z_3^3 z_4^3 \ldots$$
$$Z_4 = 1, z_1^4 z_2^4 z_3^4 z_4^4 \ldots$$
$$\vdots$$

$z_m^n$ ist also die $m$-te Stelle der $n$-ten Zahl ($Z_n$) in unserer (angenommenen) Auflistung aller Zahlen zwischen 1 und 2. Schaut schrecklich aus. Ist aber ganz harmlos, wenn man nüchtern an die Sache herangeht. Wir haben eine Reihe von Zahlen, jede Zahl hat ein Reihe von Dezimalstellen, also braucht man einen Index (oben) für die Zahlenfolge und einen Index (unten) für die Folge der Dezimalstellen dieser Zahl.[20]

Und jetzt beginnt ein Beweis, den auch ein ganz normaler Nicht-Mathematiker nachvollziehen kann und der trotzdem einen ziemlich tiefen Blick in die Abgründe unserer Welt (oder unseres Denkens) ermöglicht. Wir basteln jetzt aus den Dezimalstellen in der Diagonale unserer Zahlenliste die Zahl B (B wie Besonders oder Basteln):

$$B = 1, z_1^1 z_2^2 z_3^3 z_4^4 z_5^5 \ldots$$

---

20 Beim Klavierspielen muss man in einer Sekunde einen 6-stimmigen Akkord, verteilt auf 2 Notensysteme mit diversen Kreuzen, Doppelkreuzen, Halbtonerniedrigungszeichen und Auflösungszeichen lesen und greifen. Aber in der Musik gelten solche Ballungen von Zeichen als schön und geheimnisvoll, in der Mathematik als furchterregend. Lassen Sie sich durch solche emotionalen Vorurteile nicht verrückt machen. Natürlich sind mathematische Symbole zuerst rätselhaft, aber, wenn man nüchtern überlegt, was brauche ich an Information, eigentlich ganz klar. Und manchmal sogar richtig elegant.

Die beispielsweise 5. Dezimalstelle von $B$ ist also die 5. Dezimalstelle der 5. Zahl in unserer Liste, also die 5. Stelle von $Z_5$, also $z_5^5$.

Und jetzt basteln wir daraus eine neue Zahl, indem wir jede Stelle um 1 abändern: aus 0 wird 1, aus 1 wird 2, aus 2 wird 3 usw. usw. aus 8 wird 9, und aus 9? „10" nutzt nichts, da wir eine Ziffer brauchen und keine zweistellige Zahl. Aber die Ziffer 0 hatten wir noch nicht, also sagen wir: aus 9 wird 0.

Um die Änderung anzuzeigen, schreiben wir irgendein Sonderzeichen dazu, schreibtechnisch einfach ist es etwa, eine Art Dachzeichen darüber zu setzen. Sei also

$$\hat{k} = \begin{cases} k+1 & \text{falls } k = 0, 1, 2, \ldots, 8 \\ 0 & \text{falls } k = 9 \end{cases}$$

Das ist nichts anderes als das, was wir oben in dem langen Satz („aus 0 wird 1 ...") beschrieben haben, nur etwas eleganter.[21]

Und jetzt basteln wir aus $B$ unsere abgeänderte Zahl

$$\hat{B} = 1, \hat{z}_1^1 \, \hat{z}_2^2 \, \hat{z}_3^3 \ldots$$

Schaut wieder fürchterlich aus, ist aber ganz einfach. Für etwa die 6. Stelle von $\hat{B}$ nehmen Sie von der 6. Zahl in unserer Liste die 6. Stelle

---

21  Die Wendung „nur etwas mathematischer" habe ich unterdrückt, um – sozusagen – des Lesers (an dieser Stelle ohnehin schon auf Äußerste angespannte) Pferde nicht endgültig scheu zu machen. Aber eigentlich kennen Sie das mit $\hat{k}$. Wenn Sie unter 50 sind und eine Uhr mit Digitalanzeige benutzen, dann ist die nächste Stunde $\hat{k}$ nach der Stunde $k$ gegeben durch:

$$\hat{k} = \begin{cases} k+1 & \text{falls } k = 0, 1, \ldots, 22 \\ 0 & \text{falls } k = 23 \end{cases}$$

Und wenn Sie über 50 sind und eine Uhr mit Zifferblatt benutzen, dann gilt:

$$\hat{k} = \begin{cases} k+1 & \text{falls } k = 1, \ldots, 11 \\ 1 & \text{falls } k = 12 \end{cases}$$

Also: kein Grund zu scheuen.

(gibt $z_6^6$) und zählen eine 1 dazu (wenn $z_6^6$ zwischen 0 und 8 liegt), oder nehmen die 0 (wenn $z_6^6$ gleich 9 sein sollte). Und fertig.

$\hat{B}$ ist eine Zahl der Bauart: eins-komma-Folge von Dezimalziffern, also eine Dezimalzahl zwischen 1 und 2. Da $Z_1$, $Z_2$, $Z_3$, ... eine Liste *aller* Dezimalzahlen zwischen 1 und 2 darstellt, muss $\hat{B}$ auch ein Mal in dieser Liste auftauchen.

Sei etwa die 137te Zahl in unserer Liste gleich $\hat{B}$. Also $\hat{B} = Z_{137}$. Die 137. Stelle von $\hat{B}$ ist $\hat{z}_{137}^{137}$. Und das ist ganz sicher eine andere Ziffer als $z_{137}^{137}$. (Nämlich um 1 größer oder die 0 falls $z_{137}^{137}$ gleich 9 war.)

Oder vielleicht ist $\hat{B}$ die 138te Zahl in unserer Liste? Dann ist die 138. Stelle von $Z_{138}$ gleich $z_{138}^{138}$. Die 138. Stelle von $\hat{B}$ aber ist $\hat{z}_{138}^{138}$. Wieder etwas anderes.

Und das gilt natürlich ganz allgemein. Sei etwa $\hat{B}$ die Zahl mit der Nummer $m$ in unserer Liste, also $\hat{B} = Z_m$. Dann ist die $m$-te Stelle von $Z_m$ gleich $z_m^m$, und die $m$-te Stelle von $\hat{B}$ gleich $\hat{z}_m^m$. Und da garantiert $\hat{z}_m^m$ eine andere Ziffer als $z_m^m$ ist, können $\hat{B}$ und $Z_m$ doch nicht gleich sein.

Also: $\hat{B}$ ist so konstruiert, dass *für jede Zahl* der Liste gelten muss, dass sie sich an der „Diagonalstelle" ($z_m^m$) von der Dezimalziffer von $\hat{B}$ ($\hat{z}_m^m$) unterscheidet.[22] $\hat{B}$ kann also nicht in der Liste stehen. Also

---

22 Sind wir Mathematiker nicht raffiniert? Nein, Mathematiker sind nicht raffiniert. Derjenige, dem solch ein Trick als erstem einfällt (hier der Begründer der Mengenlehre Georg Cantor, vgl. Kapitel 11), der ist genial. Die anderen (Professoren, Studienräte, Sachbuchautoren), die so einen Beweis dann vorführen und die beabsichtigte Wirkung des vorab investierten Tricks dann wie das Kaninchen aus dem Zylinder zaubern, die schauen dann nur raffiniert aus. Aber jeder Mathematiker sollte *ein* Mal selbst so einen Trick gefunden haben (es muss ja nicht gleich ein genial-einfacher sein wie das „zweite Cantorsche Diagonalverfahren" in unserem Fall). Und jeder Leser von mathematischen Texten darf sich natürlich am dramaturgischen Höhepunkt solch eines Beweises ganz spitzbübisch über die a-posteriori-Rafinesse des a-priori investierten Beweistricks freuen.

kann es solch eine Liste *aller* Zahlen zwischen 1 und 2 gar nicht geben. Also ist die Menge der ganzen Zahlen *nicht* so groß wie die Menge aller Zahlen zwischen 1 und 2, oder kurz und prägnant: die Menge der ganzen Zahlen ist *abzählbar* unendlich, die Menge aller Zahlen zwischen 1 und 2 ist bereits *über*abzählbar unendlich.

Also: Es gibt unendlich viele ganze Zahlen. Das wussten wir schon immer. Brüche scheint es viel, viel mehr zu geben, die ganzen Zahlen (das war die erste Zeile der „Eintel") sind sozusagen nur ein Unendlichstel aller Brüche. Es scheint also noch eine größere Unendlichkeit zu geben (Überraschung 1). Aber nein, die Brüche (das waren unendlich viele unendliche Zeilen) sind doch nicht zahlreicher als die ganzen Zahlen, da unendlich mal unendlich auch nur unendlich ergibt („viele · viele = viele") (Überraschung 2). Es gibt also doch nur *eine* Art von unendlich. Aber, wie eben bewiesen, allein die Menge aller Zahlen zwischen 1 und 2 ist unendlich unendlicher als die Menge aller (irrsinnig vielen) Brüche. Es gibt also *doch* eine größere Unendlichkeit: die *über*abzählbare Unendlichkeit (Überraschung 3). Und damit gibt es vielleicht sogar noch weitere Arten von „unendlich". Sie sehen: diese Welt steckt voller Überraschungen. Vor allem im Unendlichen.

Und wenn man *versucht*, sich das anschaulich zu machen, sieht das etwa so aus.



Die ganzen Zahlen liegen verstreut dick und breit in der Gegend. Dazwischen wuseln, beliebig dicht und eng, die Brüche herum. Trotzdem ist irgendwie noch immer Luft dazwischen. Und erst wenn man die Zahlen gleichmäßig über die Zahlengerade „verschmiert", so dass nicht mal mehr Luft dazwischen passt, dann erhält man wirklich alle Zahlen, und diese Zahlen sind dann *überabzählbar* viele.[23]

Aber das Verrückteste kommt noch: den entscheidenden Schritt von der biederen Unendlichkeit der ganzen Zahlen (und der Brüche, die wir, abgehärtet durch Irrsinns- und Biesterzahlen, mittlerweile als im Grunde doch auch etwas bieder empfinden dürfen) zur „echten" „richtigen" „großen" Unendlichkeit des Überabzählbaren, diesen Schritt vollzieht man ausgerechnet durch die Hinzunahme eben dieser Irrsinns- und Biesterzahlen, die sich ja nun wirklich nicht gerade pflückbereit am Wegrand anbieten. Die einzige solche Zahl, die man als normaler Mensch so kennt (WENN man sie kennt!), ist die $\sqrt{2}$. Und über den fatalen Charakter (nicht als Bruch darstellbar, echt unendlicher nicht-periodischer Dezimalbruch) dieser Zahlen musste man sich erst mühsam und gewissenhaft klar werden. Und jetzt stellt sich heraus: $\sqrt{2}$ ist nicht die einzige solche Zahl. Es gibt mehrere. Und „mehrere" ist gar kein Ausdruck! Ausgerechnet diese Zahlen machen die Menge aller Zahlen erst „richtig" und entscheidend, nämlich *über*abzählbar unendlich. (Für Mathematiker: Natürlich sind das die transzendenten unter den irrationalen Zahlen. Aber für Nicht-Mathematiker ist irrational irrwitzig genug und hier führte Transzendenz schlichtweg zu weit.) Und die so krause und anstrengende Begriffsbildung der nicht-als-Bruch-darstellbaren echt unendlichen nicht-periodischen Dezimalzahl ent-

---

23   Für genaue Hingucker: Wir haben gezeigt, dass alle Zahlen zwischen 1 und 2 überabzählbar sind. Man hätte das auch für alle Zahlen zwischen 1 und 1, 1 zeigen können (alle Zahlen der Bauart 1, $0z_1 z_2 z_3 \ldots$ von $1,000\ldots$ bis $1,09999\ldots$). Oder für jeden noch so kleinen zusammenhängenden Abschnitt der Zahlengerade. Das macht die Überabzählbarkeit nicht kaputt. Und umgekehrt könnte man alle Zahlen von 1 bis 10, oder von 1 bis 1000000, oder die ganze Zahlengerade nach rechts bis $+\infty$ betrachten: das ändert an der Überabzählbarkeit auch nichts. Die Länge des Abschnittes macht das Kraut nicht fett. Was das Kraut fett macht, ist die „Verschmiertheit". Es passt nicht nur keine Luft dazwischen, es passt nichtmal ein Vakuum dazwischen. Die unendlichen Dezimalbrüche füllen die Zahlengerade wirklich *total* aus. Die Brüche sind noch so was wie Teilchen von Quarks, die unendlichen Dezimalbrüche sind der Raum selbst. Ist es jetzt anschaulicher? Schade.

puppt sich als das eigentlich Normale.[24] Und gerade die so nahe liegenden ganzen Zahlen und Brüche sind nur eine kleine, fast verschwindende Minderheit.[25]

Und wenn wir, um wenigstens am Schluss des *letzten* Kaptitels *ein* Mal seriös zu werden, jetzt doch noch die offizielle mathematische Terminologie einführen, dergestalt, dass die ganzen Zahlen und Brüche *rational*, die Irrsinns- oder Biesterzahlen aber *irrational* heißen, dann können wir erstaunt feststellen: Gerade aus der Sicht der (angeblich langweiligen, strohtrockenen, phantasielosen, ja geradezu repressiven) Zahlen entpuppt sich diese Welt als ein gigantisches, (überabzählbar) unendliches Meer des Irrsinns, in dem sich nur vereinzelte Anzeichen der Vernunft finden, einsam und weit verstreut wie Atolle in den unendlichen Weiten des Pazifiks. Und man kann beweisen:

> Das Rationale ist eine Menge vom Maß 0.
> Die Welt ist fast überall irrational.[26]

---

24 Jetzt versteht man auch, wie heftig die Entdeckung des Irrationalen (das ist die offizielle Bezeichnung für „Irrsinnszahlen", s. u.) ins ordentliche Kontor der pythagoreischen Brüche (die sog. rationalen Zahlen) eingeschlagen hat. Dass aber in Nietzsches Notizen zum Zarathustra der Satz stehen soll, „Nicht die abzählbaren, die *überabzählbaren Zahlen seien Euch Verheißung!" ist vermutlich übertrieben.

25 Auf die schöne und nahe liegende Wendung von der „kleinen radikalen Minderheit" muss hier mit Rücksicht auf eventuell mathematisch geschulte Leser leider verzichtet werden, da natürlich auch das Wort „Radikale" eine exakte mathematische Bedeutung hat, die leider zu unseren Betrachtungen ziemlich windschief liegt. In der Mathematik sind „Radikale" Wurzeln (von lateinisch radix, vgl. auch bayerisch „Radi") oder Lösungen von Gleichungen. Insofern ist die $\sqrt{2}$ geradezu ein Muster an Radikalität ($x^2 = 2$). Dem doch ziemlich unangepassten $\pi$ lässt sich hingegen keinerlei Radikalität vorwerfen. Man könnte höchstens sagen, $\pi$ sei so querständig, dass es noch schlimmer als radikal ist, nämlich transzendent.

26 Mathematiker sind so penibel, dass bei ihnen sogar eine Allerweltsfloskel für „ungefähr", nämlich das unscheinbare Wörtchen „fast", eine ganz präzise Bedeutung hat. „Fast" bedeutet mathematisch: alles bis auf abzählbar unendlich oder gar nur endlich vieles. Diese wohldefinierte Sprechweise mache ich mir immer zunutze, wenn meine Frau wieder einmal die hohe Entropie in meinem Arbeitszimmer beklagt. (Sie sagt natürlich nicht Entropie. Sie sagt das deutlich deutlicher. Auf schwäbisch. Aber für Naturwissenschaftler ist „Entropie" ein gehobener Euphemismus für „Unordnung".) Ich pflege dann jedenfalls immer zu antworten: „Aber Liebling, ich weiß gar

Und dass sich solche zutiefst lebensnahe und zutiefst menschliche Erkenntnisse über die „Irrationalität" unserer Welt ausgerechnet mit der unerbittlich strengen Rationalität der Mathematik beweisen lassen, spricht schon für eine gewisse höhere Schalkhaftigkeit in den grundlegenden Konstruktionsplänen für diese Welt und für diesen Menschen, in dem sich diese Welt ja vielleicht mal ihrer selbst bewusst werden könnte.[27]

Große naturwissenschaftliche Erkenntnisse hinterlassen ja außerhalb der Fachwelt gerne griffige, ja geradezu kabarettistische Thesen. So weiß man seit der Relativitätstheorie „Alles ist relativ" und seit der Quantentheorie (in deren Bereich man mit der üblichen Ursache-Wirkungs-Kausalität nicht mehr durchkommt) „Alles ist Zufall". Gödels berühmten Satz von der Unvollständigkeit der Prädikatenlogik bestätigt unseren Verdacht „Diese Welt kann nicht logisch sein".[28] Und die vor einigen Jahren so virulente Chaostheorie vermittelte den Eindruck „Das Chaos ist immer und überall", was wir erstens schon

---

nicht was Du hast. In meinem Zimmer ist fast alles (verschmitzt zur Seite gesprochen: also alles bis auf endlich vieles) an seinem Platz." Sie sehen, die Mathematik schenkt uns nicht nur tiefe philosophische Einsichten in die Irrationalität des Seins, sondern sie hilft sogar hinweg über die kleinen Misshelligkeiten des Alltags.

27  Da die Evolution des menschlichen Gehirns letztlich ein Millionen Jahre langes Ringen mit dieser Welt war, gibt es gute Gründe für die optimistische Annahme, dass unser Denken i. a. und unser mathematisches Denken i. b. auch etwas mit dieser Welt zu tun haben könnte. Jedenfalls können wir (wenn sich niemand verrechnet hat) nach mehrjährigem Anflug einen Jupitermond oder sogar einen Kometen treffen. Unlängst gelang es sogar (auch mit viel Rechnen), einen Planeten aus einem fremden Planetensystem zu fotografieren. Ich bin überzeugt: irgendwann taucht auf so einem Foto auch mal ein Mond mit Mond auf und verweise auf die Fußnote 7 der Gebrauchsanweisung.

28  Das mit der „Unvollständigkeit der Prädikatenlogik" muss man jetzt nicht verstanden haben. Dieser Satz ist schwierig. Und vom Beweis wollen wir erst gar nicht reden. Jedenfalls zeigt dieser Satz sozusagen, dass unsere Logik nicht allmächtig ist. Dass es aber dem schlechthin genialen Mathematiker Kurt Gödel gelang die (menschlich sympathische) „Nicht-Perfektheit" der Logik logisch perfekt, ja wirklich brillant zu beweisen, ist wieder so ein vertrackter Triumph des mathematischen Denkens.

immer irgendwie geahnt haben und zweitens in der etwas freundlicher formulierten Fassung „Die Unordnung wird immer größer" schon seit der guten alten Thermodynamik[29] aus dem 19. Jahrhundert wissen, eine Erkenntnis, die jungen Eltern intuitiv über das sog. Kinderzimmer-Lemma vermittelt wird: „Die Ausbreitung der Überraschungsei- und Playmobil-Kleinteile in der Wohnung ist a) echt zunehmend und b) irreversibel." Aber als Trost für alle jungen Eltern (und alle, die es werden wollen[30]): Jede Geburt eines Kindes erhöht, global gesehen, die Ordnung im Kosmos (auch wenn sie lokal die Ordnung in der Wohnung nachweislich mindert). So gesehen ist ein Kind nicht nur ein Schritt im Kampf gegen den Verfall unserer sozialen Sicherungssysteme, sondern auch ein Schritt im Kampf gegen den Wärmetod des Kosmos. Also, nur zu!

Man könnte das alles noch fröhlich weiterspinnen. Aber, und das ist meine abschließende und durchaus *auch* ernst gemeinte Liebeserklärung und Empfehlung: Wer solche naturwissenschaftliche Einblicke in unsere Welt tun darf – und sei es auch nur, wie wir es hier (trotz allen kabarettistisch-fröhlichen Geplauders auch relativ kausal und, ich hoffe, nicht nur chaotisch) versucht haben, und sei es auch nur ein allererster, doch mathematisch präziser Blick „in die Unendlichkeit" – für den ist plötzlich alles Endliche – der Euro, der Benzinpreis, unsere Weltrohölreserven, oder auch die Lebenserwartung unseres Sonnensystems, Ihr Girokonto, Ihr Aktiendepot, meine Rente, die Jahre, die wir noch zu leben haben[31] – für den ist alles Endliche plötzlich *nur*

---

29 Hierher gehören auch die geheimnisvollen Begriffe wie „Entropie" oder „Wärmetod", für die jetzt aber, um nicht *noch* ein Fass aufmachen zu müssen, freundlich aber bestimmt auf die Fachliteratur verwiesen werden soll. Sehr geheimnisvoll und sehr spannend!

30 Da gemäß Relativitätstheorie alles relativ ist, ist hier auch das „jung" in „junge Eltern" relativ, nämlich relativ zum Geburtsdatum des letzten Kindes, weswegen heutzutage durchaus auch ein alter Knabe ein junger Vater (und ein spätes Mädchen eine junge Mutter) sein kann.

31 Sehr endlich, werte Leserin und werter Leser, sehr endlich! Eine tiefe Folgerung aus diesem Vergleich von endlich und unendlich ist übrigens die beruhigende Erkenntnis: „Die Friedhöfe sind voller Menschen, die sich für unentbehrlich hielten."

mehr „ein Gleichnis". Das *Un*endliche, meine Damen und Herren, hier in der Mathematik, wird's zum Ereignis![32]

---

32  An dieser Stelle käme jetzt im Fernsehen eine Wendung wie „Passen Sie gut auf sich auf" oder „Alles wird gut". Aber obwohl es wirklich noch vieles, vieles zu sagen gäbe wollen wir hier, im Angesicht des Unendlichen, nicht wittgensteinisch schweigen, sondern nur mehr ganz goethisch still verehren.

# A
# Musikalische Kombinatorik
# oder
# So einfach ist komponieren

(Dieser Anhang erfordert ein klein bisschen mathematische Schulung. Aber auch wer noch nie etwas von der freien Halbgruppe gehört hat, wird das Folgende zumindest komisch finden.)

Dass mathematische und musikalische Begabung oft gemeinsam auftreten oder, um es deutlicher zu sagen, signifikant positiv korreliert sind, dafür gibt es neben meiner zweifelhaften Personalie (Dr. rer. nat. „Piano"-Paul) mehr und vor allem bedeutendere Beispiele. Allen voran natürlich der zeitlebens Mozart geigende Einstein. Und entgegen den von Newton gestreuten bösartigen Gerüchten spielte Einstein sogar ganz ausgezeichnet.[1] Planck und Heisenberg etwa sollen am Klavier auch eine ganz flotte Taste gespielt haben. Und, man muss gar nicht zu den großen Alten zurückgehen: als ich als ganz frisch gebackenes Assistentlein anfing, gab es an unserem Institut (für Mathematik und Informatik an der TUM) ein veritables Klavierquintett, das nicht-triviale

---

[1] Der Newton aus Dürrenmatts Physikern natürlich.

Schlachtrösser der großen Kammermusik (Brahms!!) nicht nur mit Anstand bewältigt, sondern durchaus auch mit Lustgewinn (natürlich vor allem für sich selbst, aber auch für die Zuhörer) dargeboten hat.

Leider scheint die Relation „Mathematiker sind Musiker" nicht symmetrisch zu sein. Denn ich kenne, wie gesagt, viele Mathematiker und Physiker, die am Sonntagnachmittag erstaunlich gut musizieren, habe aber bis jetzt noch keinen einzigen städtischen Philharmoniker oder staatlichen Symphoniker kennen gelernt, der an seinem freien Abend zuhause an seinem Schreibtisch sitzt und Differentialgleichungen löst. (Aber vielleicht tun sie's ja heimlich und erzählen nur nichts davon. Gerade Bratschisten sollen erstaunlicher Dinge fähig sein.) Aber bei den Ganz-Großen, den Maestros am Dirigentenpult, da tauchen sie dann tatsächlich auf, die naturwissenschaftlich vorbelasteten großen Musiker, von Ernest Ansermet bis Sergiu „Celi" Celibidache.

Der Zusammenhang von Mathematik und Musik ist alt. So alt wie Pythagoras. Und in der Organisation der mittelalterlichen Universitäten in Bologna und Paris, Oxford und Prag war dieser Zusammenhang sogar, sozusagen, fest verdrahtet, indem man die Sieben Freien Künste in ein Quadrivium und ein Trivium schied. Das Quadrivium umfasste die Arithmetik, die Geometrie, die Astronomie und die Musik. Das Trivium aber Grammatik, Rhetorik und Dialektik. Woraus (völlig zurecht) das Wort trivial entstand.[2]

---

2    Wofür sich in Deutschland heute noch Vertreter der sprachlichen Zünfte (Schriftsteller, Journalisten, Intellektuelle) gerne rächen. So plädiert ein bekannter Kritiker und Publizist in seinem Buch „Bildung" dafür, das ganze Schulfach Mathematik abzuschaffen, da die Mathematik ohnehin nur ein völlig unnötiges Fach für ganz wenige unsympathische Streber sei, mit denen man auch kein vernünftiges Wort reden könne. Und überhaupt sei mathematische Begabung eine ganz seltsame Spezialbegabung, hart an der Grenze zur Geisteskrankheit. Und dann breitet er genüsslich die Krankengeschichte (paranoider Verfolgungswahn) des genialen Logikers Kurt Gödel aus. (Richtig! Der aus „Gödel, Escher, Bach" von Hofstadter. Amerikanische Publizisten sind einfach anders, befassen sich auch mit Mathematik, schreiben tolle Bücher und bekommen deswegen auch völlig zurecht den Pulitzerpreis.) So als ob es nur bei Mathematikern vorkommt, dass besonders geniale Begabungen am Rande ihres inneren Abgrundes stehen und manchmal auch hineinplumpsen. Das berühmte Schlagwort von „Genie und Wahnsinn" wurde nicht für große Mathema-

Dass Mathematik und Musik zusammengehören, ist also empirisch und historisch belegt. Der Grund ist eigentlich ganz einfach. Beide Disziplinen beschäftigen sich mit langen seltsamen Folgen vieler seltsamer Zeichen („Formeln", „Partituren"), die für einen normalen Menschen (im Gegensatz zu Gedichten, Liebesromanen, historischen Dramen, Ölgemälden, Bronzestatuen und Ballettabenden) absolut unverständlich sind.[3] Die Mathematik ist die abstrakteste aller Wissenschaften, die Musik die abstrakteste aller Künste. Beim Physiker fällt wenigstens was runter oder blitzts, beim Chemiker krachts und stinkts, beim Biologen kreuchts und fleuchts. Beim Mathematiker? Formeln. Ein Roman oder ein Drama erzählt eine Geschichte, ein Ölbild zeigt eine Landschaft, eine Bronzestatue ein schönes Mädchen (oder wenigstens einen König). Die Musik? Noten. Erstaunlicherweise lässt sich aber, trotz des abstrakten Glasperlenspielcharakters von Mathematik und Musik (Mathematiker basteln an Formeln, Komponisten basteln an Partituren) die Welt mit nichts erfolgreicher beschreiben als mit ein paar mathematischen Gleichungen. Und erstaunlicher Weise lassen sich die Gefühle der Menschen mit nichts stärker ansprechen als mit, in komplizierte Partituren gebannter, Musik. Weswegen Einstein sicher der Überzeugung war, daß Gott von Beruf Diplommathematiker war, während der eigentlichen Schöpfungswoche von Acht Uhr früh bis Fünf Uhr nachmittags Gleichungen aufstellte, am Feierabend zur Entspannung Mozart geigte und am ersten Sonntag vor der Weltgeschichte zum Lob und Preis seiner Werke an der Orgel saß und Bach spielte. Wenn man drüber nachdenkt stellt man fest: genauso muss das in Wahrheit mit der

tiker, sondern für die Heroen aus Dichtung, Musik und Kunst geprägt. Aber manche Kritiker sind anscheinend weder der Genialität noch des Wahnsinns fähig. (Höchstens des Größenwahns: Wenn ICH was nicht verstehe, muss das einfach Blödsinn sein.)

3    Dass es mittlerweile auch viele Gedichte, Romane, Dramen, Bilder, Skulpturen und Ballettabende gibt, die ein normaler Mensch *auch* nicht versteht, tut unserer Argumentation keinen Abbruch. Ein Drama oder ein Bild sind, auch wenn sie's in actu mal nicht sind, in potentia verständlich. Eine Wagnerpartitur oder ein Buch über topologische Gruppen *sind* für einen normalen Menschen nicht verständlich. In actu schon gleich gar nicht. Aber nicht mal in potentia.

Schöpfung (nämlich die letzte Woche *vor* dem Big Bang) gewesen sein. Aber, wir wollen hier nicht tiefsinnig werden. (Und die erste Woche *nach* dem Big Bang ist ja auch noch nicht ganz erforscht.)

Jedenfalls, die gemeinsame Grundlage von Mathematik und Musik als ein „Spielen mit Zeichenreihen",[4] seien es Formeln oder Noten, erlaubt es, musikalische Begriffe und Tätigkeiten ganz zwanglos als Abbildungen von $MUS \times MUS$ (Sprich: „Mus kreuz Mus") nach $MUS$ (sprich: „Mus") aufzufassen, wobei natürlich

$$MUS = \{C, Cis, D, Dis, E, F, Fis, G, Gis, A, Ais, H\}^*$$

die freie Halbgruppe über dem Zeichenvorrat der zwölf Töne der wohltemperierten Stimmung darstellt.[5]

---

4  Tatsächlich spielen Mathematiker gerne Schach oder am Computer und Musiker gerne Skat oder am Klavier. Aber im essentiell-kreativen Sinn spielen sie mit Zeichen wie $\Theta$ oder $\sharp\flat$. Und die Bedeutung dieser Zeichen ist auch nicht sehr erhellend: $\Theta$ ist etwa ein Element aus einem Banachraum und $\sharp\flat$ eine Schallschwingung mit einer bestimmten Frequenz. Ist man jetzt schlauer?

5  Keine Panik! Ist ganz einfach. MUS ist die Menge ... (Sie können hier das Wort „Menge" ganz unbefangen lesen. So, als ob Sie noch nie etwas von Mengenlehre etc. gehört haben. *Wenn* Sie noch nie was von der Mengenlehre gehört und die Kapitel 11 und 13 übersprungen haben sollten, ignorieren Sie bitte diesen Hinweis und leben Sie glücklich weiter!) ... die Menge aller Zeichenreihen mit diesen 12 Noten als Einzelzeichen. Sie können auch Tonfolgen sagen. Von mir aus auch Melodien, was aber sehr optimistisch wäre. Z. B. ist die Zeichenreihe GGGDis (haben Sie ein Klavier? Probieren Sie's mal) der Anfang von Beethovens Fünfter, bekannter als tam-tam-tam Tam. (Musikern zieht's jetzt die Schuhe aus. Ein Dis in Beethovens c-moll-Sinfonie! Aber spätestens seit Schönberg darf man das sagen, und außerdem ist das hier unerheblich.) Und wenn Sie jetzt noch die zweite Zeichenreihe FFFD anfügen, erhalten Sie aus zwei Zeichenreihen eine dritte, nämlich GGGDisFFFD – die ersten 2 Takte von Beethovens Fünfter. Also merke: Zeichenreihe und Zeichenreihe gibt Zeichenreihe. Das reicht. Warum sich so was eine Halbgruppe nennt (die auch noch frei sein soll), ist ein weites Feld, das wir hier aber erfreulicherweise nicht beackern müssen.

So ist z. B. die bekannte musikalische Form des Sonatenhauptsatzes nichts anderes als eine Abbildung

$$\text{SON: MUS} \times \text{MUS} \rightarrow \text{MUS} \quad \text{mit } \text{SON}(a, b) = abD(a, b)a\overline{b}$$

wobei $a, b \in \text{MUS}$ das Haupt- und das Seitenthema darstellen. $ab$ ist die sog. Exposition. $D(a, b)$ die sog. Durchführung. Und $a\overline{b}$ die sog. Reprise. Wobei wiederum $D(a, b) = D(a_1 \ldots a_n, b_1 \ldots b_m)$ eine spezielle Auswahl- und Permutationsfunktion von $\text{MUS}^{n+m}$ nach $\text{MUS}$ ist und $\overline{b} = \downarrow 5(b)$ einfach das um eine Quint tiefer gespielte Seitenthema. (Merke: Bei der Reprise muss auch das zweite Thema in die Tonika!) So einfach kann Musik sein.

Sehr hilfreich für das handwerkliche Komponieren sind auch sog. stilspezifische Transformationsoperatoren. Sei etwa $a_0 \in \text{MUS}$ die Melodie „Happy Birthday to You" (ohne Beschränkung der Allgemeinheit in C-Dur), also

$$a_0 =$$

CD #35

so ergibt der stilspezifische Transformationsoperator

$$T_{Moz} : \text{MUS} \rightarrow \text{MUS}$$

angewandt auf $a_0$ etwa:

$$T_{Moz}(a_0) =$$

Oder mit

$$T_{Wag} : MUS \rightarrow MUS$$

erhalten wir

$$T_{Wag}(a_0) =$$

Man erkennt unschwer, dass $T_{Moz}(a_0)$ einen Klaviersonatinen-Anfang darstellt, wie ihn Mozart etwa mit dem Hauptthema „Happy Birthday to You" komponiert hätte, während $T_{Wag}(a_0)$ eine Lösung für die Frage darstellt, wie Tristan Isolden[6] zum Geburtstag gratuliert hätte.[7]

vgl. CD #17

CD #36

---

6    Rettet dem Dativ!

7    Wagner als Erfinder der „unendlichen Melodie" sprengt natürlich die freie Halb-gruppe aller *endlichen* Zeichenreihen. Aber, sogar im spätromantischen Musikdra-ma wird nichts so heiß gegessen, wie es gekocht wird! Und auch wenn man in der Götterdämmerung, IV. Akt, denkt: „Ja hört das denn nie mehr auf?" – sogar die Götterdämmerung ist lang, aber endlich. Und für die Menge aller wagnerschen Tonfolgen $MUS_{Wag}$ gilt vielleicht höchstens das *Postulat* von Archimedes (eigentlich Eudoxos)-Wagner:

$$\forall\, k \in \mathbb{N}\, \exists\, x \in MUS_{Wag} : |x| > k,$$

wobei $\mathbb{N}$ die Menge der natürlichen Zahlen $1, 2, 3, \ldots$ ist und $|x|$ die Länge der Zeichenreihe $x$. (Sprich: Für jede Zahl $k$ gibt es – vermutlich – ein Musikstück $x$ von Wagner, dessen Notenanzahl noch größer als $k$ ist.)

Unproblematisch ist wiederum

$$T_{\text{Bach}}(a_0) =$$

vgl. CD #16

eine schlichte 2-stimmige Invention im Stile Bachs.

Natürlich kann man solche Operatoren auch auf mehrere vorgegebene Tonfolgen erweitern. Sei etwa $a_1$ die Melodie von Beethovens „Elise" und $a_2$ die Melodie von Joplins Ragtime „The Entertainer", dann ergibt

$$T^2_{\text{Bet}}(a_1, a_0) =$$

CD #37

ein Stück, mit dem Beethoven Elisen[8] zum Geburtstag gratuliert hätte,

$$T^2_{\text{Jop}}(a_2, a_0) =$$

CD #38

---

8    Vgl. Fußnote 6

einen sogenannten Geburtstags-Ragtime, und – Mathematiker sind erst so richtig glücklich, wenn sie ihre Begriffe und Konzepte auf $n$ Stellen verallgemeinern und beliebig „orthogonal" kombinieren können –

$$T_{\text{Jop·Bet}}^3(a_2, a_1, a_0) = T_{\text{Jop}}^2(a_2, T_{\text{Bet}}^2(a_1, a_0)) =$$

CD # 39

eine Kombination von 3 Themen in 2 Stilarten.[9] Man würdige bitte, wie beglückend wieder einmal durch beliebiges Kombinieren einfacher Grundbegriffe ein komplexer Formalismus entsteht. Und wie praxisbezogen mathematische Forschung sein kann. Ist doch $T_{\text{Jop·Bet}}^3(a_2, a_1, a_0)$ nichts anderes als die Antwort auf die für die praktische Musikausübung wie für die theoretische Musikgeschichte so drängende Frage: Wie hätten Ludwig van Beethoven und Scott Joplin zusammen (in einer sog. joint-venture-Produktion, wie bei Bach/Gounod) Elisen mit einem Ragtime zum Geburtstag gratuliert? Eine Frage, die sich jedem, der nur lange genug darüber nachdenkt, ganz unvermittelt aufdrängt! Weitere Forschungsvorhaben, etwa die Erweiterung von $SON : MUS^2 \to MUS$ auf $SON' : MUS^3 \to MUS$ zur Erzeugung von Brucknersinfoniekopfsätzen sind gerade in Arbeit.

---

9    Klavierspielende Leser, die derartige „Kompositionen" („komponieren" heißt „zusammensetzen") näher kennenlernen wollen, seien auf die einschlägigen Veröffentlichungen des Autors im Musik-Verlag Schott in Mainz verwiesen.

# B
# Eine kleine mathematische Etüde
# *oder*
# Wie man mit Hilfe der Mathematik eine Zugfahrt verkürzen kann

Der Kern eines jeden Mathematiklehrbuches – Schüler und Studenten wissen das – sind die Aufgaben. In manchen Lehrbüchern, z. B. in Kleinrocks „Queueing Theory",[1] jeweils mit ein bis drei Sternen versehen. Wie im alten Baedecker. Hier geht nichts mehr mit Drüberweglesen. Im Fußball heißt es: „Die Wahrheit is auf 'n Platz." In der Mathematik findet man sie in den Übungen. Und wenn man als Student so eine 3-*-Aufgabe gelöst hat (oft ein 20-seitiges Kleinod präzisen Denkens), fühlt man sich wie Einstein, kurz bevor ihm $E = mc^2$ eingefallen ist.

Aber das hier ist ein *nettes* Buch. Also nennen wir das jetzt nicht dröge und abschreckend „Übungsaufgabe", sondern „eine kleine ma-

---

[1]    Das heißt so.

thematische Etüde"[2] und verbannen die nackte, ungeschönte Übungsaufgabe in der verschärften Form einer so genannten Textaufgabe[3] in den Fußnotenteil. Falls also wirklich jemand Lust hat, es selbst zu versuchen (Keine Panik! Nur + und × ): *nicht* weiterlesen sondern

> **go to**[4] Fußnote 5;
> **if** es geklappt hat
> **then** congratulations; **go to** nächstes Kapitel
> **else** don't gräm yourself **and go to** WEITER
> **end**

WEITER: Es hat nicht geklappt? Oder wir haben es erst gar nicht versucht? Macht nichts. Sie bereiten sich ja auch auf keine Prüfung vor (hoffentlich), sondern wollen sich nur gut unterhalten. Und deswegen erzählen wir jetzt Aufgabe samt Lösung als kleine Geschichte.

Wenn man im Zug sitzt (z. B. im EC 25 Dortmund–Budapest) und wenn man obendrein ziemlich oft im Zug sitzt (z. B. als Kabarettist, finanzamtstechnisch: „als Betreiber eines ambulanten Zimmertheaters"), dann fängt man, wenn man da also so sitzt, ziemlich bald an, sich zu langweilen. Dann liest man seine Tageszeitung. Dann geht man, auch wenn man eigentlich keinen richtigen Hunger hat, ein bisschen in den Speisewagen (Axiom 1 für nicht-ernährungsbewusste Reisende: Eine Kleinigkeit geht immer!). Dann liest man in seiner Zeitung auch noch das, was einen eigentlich nicht so interessiert (also so ziemlich alles zwischen

---

2   Etüde: Technisches Übungsstück zum Training der Fingerfertigkeit des Klavierspielers.

3   Textaufgaben sind immer eine Freude für jeden Kabarettisten. Sie sind inhärent skurril. Meist von der Bauart: Erst ein kompakter Schwall unübersichtlicher komplizierter Detailinformationen (nach denen man eigentlich gar nicht gefragt hat). Und dann plötzlich – man schaut nur noch mit dem Kopf aus der Flut verwirrender Voraussetzungen heraus und jappst nach der dünnen Luft der Erkenntnis – dann plötzlich, völlig ansatzlos, kurz und trocken die Frage: „Wie alt ist der Kapitän?" Absturz in völlige Ratlosigkeit.

4   Der Autor ist nicht übergeschnappt. So lasen sich einmal Programmiersprachen. Ehrlich!

dem Leitartikel und dem Vermischten auf der letzten Seite). Dann hat man auch das gelesen, stellt enttäuscht fest, dass Axiom 1 für nicht-ernährungsbewusste Reisende eine halbe Stunde nach dem letzten Imbiss leider doch nicht gilt und greift sich, was immer an Lesbarem noch so auf den Sitzen herumliegt, z. B. den „Reisebegleiter" der DB mit allen Stationen, Zeiten und Umsteigemöglichkeiten. Da es von Dortmund bis Budapest ca. 25 Haltestellen gibt und die Entfernungen zwischen je zwei Bahnhöfen angegeben sind, kann man z. B. im Kopf die 25 Strecken addieren. Man kann. Man muss nicht. Das Ergebnis, die Bahnkilometer von Dortmund bis Budapest $\gg$ (sprich: deutlich größer) Luftlinie, gehört zwar nicht gerade zum zentraleuropäischen Bildungskanon, aber es macht die Zeit vergehen. Wenigstens ein bisschen.

Auf einmal stutzt man: Nürnberg 10:26, Regensburg 11:26, Distanz 100 km! Wenn die Zahlen mal so glatt sind, dann denkt sogar der, der kein erotisches Verhältnis zu Zahlen hat (eher die Mehrheit): „Aha! Der fährt also zwischen Nürnberg und Regensburg mit 100 Sachen (sprich: km/h)." Dann stutzt man, sieht draußen die Landschaft vorbeifliegen (naja, so schnell isser auch wieder nicht, der EC 25) und frägt sich: „Was, der fährt nicht schneller als 100?" Und schon fällt's einem wie Schuppen von den Augen. So ein EC ist ja kein Super-Porsche, der in Nürnberg blitzartig, aus dem Stand, mit 100 Sachen losdüst und dann eine Stunde später mit eben diesen 100 Sachen in den Regensburger Bahnhof brettert um dann – Rrums! Kreisch! Quietsch! – mit einem Schlag stehenzubleiben.

---

5    Also jetzt für echte hard-core-Mathematiker, die keinerlei Wert auf didaktisches Gedöns drumherum legen, sondern sich nur für den nackten mathematischen Kern des Problems interessieren, dasselbe kurz und knackig:
Ein Zug fährt zwischen zwei Haltepunkten in der Zeit $T$ mit der Durchschnittsgeschwindigkeit $\bar{v}$. Etwas realistischer betrachtet beschleunigt er während der Zeit $t$ von Tempo 0 auf seine Spitzengeschwindigkeit $\hat{v}$, fährt weiter konstant mit Tempo $\hat{v}$ und bremst dann in der Zeit $t'$ von $\hat{v}$ herunter auf Tempo 0. Der Einfachheit halber sei $t = t'$ und Beschleunigung wie Abbremsen konstant. Wie hängen bei vorgegebenem $T$ und $\bar{v}$ die Größen $t$ und $\hat{v}$ voneinander ab?
Wem das jetzt doch zu spröde war, der wird gleich bei WEITER im nächsten Abschnitt landen. Er darf diese unerquickliche Fragestellung sofort wieder vergessen und darf sich im Folgenden unser Problem nochmal, aber jetzt ganz freundlich heuristisch aufbereitet, in aller Ruhe zu Gemüte führen.

Und ein paar Sekunden, wie bei einem realen Porsche, reichen da auch nicht, so ein EC ist ja – Länge, Gewicht, Windschlüpfrigkeit (Ein $c_w$-Wert wie der Kölner Dom!) – kein Sprinter.[6] Also braucht er eine erkleckliche Zeit, um in Fahrt und eine erkleckliche Zeit um wieder zum Stehen zu kommen. Und in diesem Moment sieht man (wenn man auch nur ein bisschen Ingenieurblut in seinen Adern fließen hat)[7] vor seinem geistigen Auge das grundlegende Diagramm:

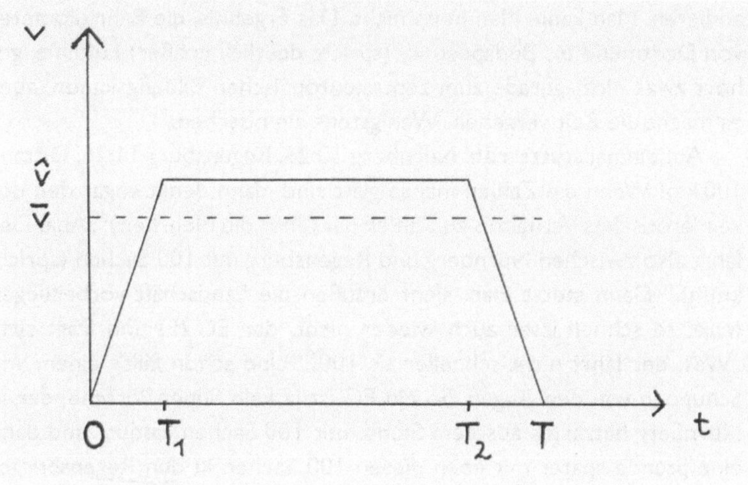


---

6    Eigentlich wollte ich statt „kein Sprinter" „kein D-Zug" sagen, in Anspielung auf die Redensart: „Alter Mann ist kein D-Zug." Aber die verstehen auch wirklich nur noch alte Männer. Für Jüngere ist dieser Spruch nicht ironisch, sondern völlig pleonastisch: Alter Mann ist langsam. D-Zug ist langsam. So what?

7    Für klassische Bildungsbürger: Wenn der in jedem (Mann? in jeder Frau? – Wenn der in allen intelligenten menschlichen Wesen) steckende homo faber nicht völlig verschüttet ist.

Der Zug fährt in der Realität *nicht* durchgehend mit 100 km/h (das war ja nur die Durchschnittsgeschwindigkeit $\bar{v}$), sondern beschleunigt vom Zeitpunkt 0 (eigentlich 10:26 in Nürnberg am 23.5.04 – aber so genau will's keiner wissen) bis zum Zeitpunkt $T_1$, fährt dann mit der Spitzengeschwindigkeit $\hat{v}$ (die natürlich ein bisschen größer als $\bar{v}$ sein muss) und fängt dann ab $T_2$ an zu bremsen, bis er zum Zeitpunkt T (das war 10:26 + 1 Stunde, mit einer Uhr in Regensburg gemessen, die hoffentlich im Gleichtakt mit der Bahnhofsuhr in Nürnberg ... aber das lassen wir jetzt) wieder steht (Geschwindigkeit = 0).

Man redet sich den Mund fusselig, aber das Diagramm sagt alles klipp und klar. Deswegen lieben Ingenieure Diagramme. (Das mit dem $\bar{v}$ und $\hat{v}$ ist auch so eine typische Mathematiker-Marotte. Aber es hilft. Beides sind Geschwindigkeiten. Deswegen $v$. Wie velocitas. Und das $v$ mit dem ebenen Strich ist die glatte Durchschnittsgeschwindigkeit. Und das mit der Spitze oben drauf die Spitzengeschwindigkeit. Ist doch ganz einfach!)

*Dieses* schöne Bild setzt natürlich voraus, dass die Bremszeit ($T_2$ bis T) genauso lang ist wie die Beschleunigungszeit (0 bis $T_1$). So was nimmt man beim Zeichnen solch eines Bildchens immer gerne einfach mal so an, ohne sich groß Rechenschaft darüber abzulegen. Erstens weil man als Mathematiker (trotz allem!) ein grundsätzliches Vertrauen in unsere Schöpfung als die Beste aller möglichen Welten hegt. Und in so einer Welt ist natürlich was geht symmetrisch (z. B. die Brems- und Beschleunigungsphasen bei der Deutschen Bahn). Zweitens rechnet sich's so leichter. Und wir setzen entspannt $t = T_1 - 0 = T - T_2 = t'$ ($t =$ Beschleunigungszeit $=$ Bremszeit $t'$).

Wir haben auch ohne lang nachzudenken vorausgesetzt, dass der EC 25 *gleichmäßig* beschleunigt und bremst, obwohl eine allmählich stärker und dann wieder schwächer werdende Beschleunigung wohl realistischer wäre.

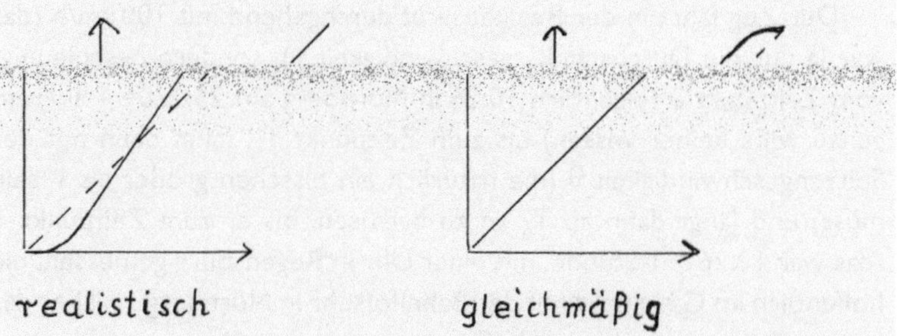



Aber auch in diesem Punkt gilt: So rechnet sich's leichter. (Außerdem mittelt sich das – wie gesagt: die Welt ist, wo's geht, symmetrisch – eh wieder irgendwie raus. Siehe die gestrichelte Linie.) Und über weitere (ziemlich nicht-lineare) Störfunktionen wie z. B. so genannte Langsamfahrstellen (Bahnhofsdurchfahrten, enge Kurven, Schotter locker) wollen wir uns hier auch nicht weiter den Kopf zerbrechen. Der Ingenieur pflegt den grundsätzlichen erkenntnistheoretischen Optimismus: Die Welt lässt sich rechnen. Und zwar möglichst einfach. Dieser Optimismus ist gut. Sonst würde man gar nicht erst anfangen zu rechnen. Im Detail ist das zwar meistens falsch, aber wir sitzen hier im EC. Ohne PC. (Nur EC.) Ohne Google. Realistisch rechnen (z. B. gemäß folgender Abbildung) können wir immer noch zu Hause. (Wenn wir dann noch wollen.)

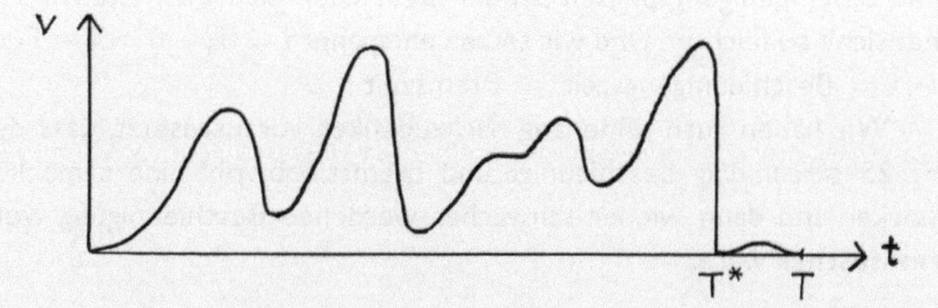



Ein *sehr* realistisches Geschwindigkeits-Zeit-Diagramm für die Fahrt zwischen zwei benachbarten Haltepunkten mit der DB[8]

---

8   $v(T^*) = 0$ tritt auf, wenn wieder mal z. B. das komplette Team im Stellwerk Re-

Also, ganz schnell wieder zurück zu unserer Abbildung auf Seite 182. Als erstes stellen wir mit Freuden fest, dass unser allererster, naiver Ansatz (das „Super-Porsche-Modell": der EC rattert blitzartig mit 100 Sachen los und bleibt im Zielbahnhof wie vom Donner gerührt schlagartig stehen) in diesem Bild enthalten ist. Wenn die Anfahrzeit (= Bremszeit) $t$ immer kleiner wird, stellen sich die Schenkel unseres Trapezes immer senkrechter und bei $t = 0$ stehen sie dann wirklich senkrecht und $\hat{v}$ ist dann natürlich gleich $\bar{v}$.

gensburg Hbf (2 Mann) aus allen Wolken fällt, weil, ganz heimtückisch, ausgerechnet heute plötzlich wie aus dem Nichts ein EC eintrudelt. (Fahrpläne sind Placebos für altmodische, kleinliche Bahnreisende. Die DB fährt schon längst „on demand".) Dialog im Stellwerk: „Rat mal, was ich da auf meinem Radar habe?" „Keine Ahnung." „Einen EC." „Mach Sachen! Heute? Am Sonntag?" „Ja was machen wir denn jetzt mit dem?" „Keine Ahnung." „Ich schau mal, ob wir noch irgendwo einen freien Parkplatz haben ... der Triebwagen auf Gleis 17 steht schon ziemlich lang rum ... der könnte doch mal wieder abfahren." „O.K.! Harry (so heißt der Kollege), such schon mal den Lokführer!" „Na dann lass ich doch mal schleunigst das Vorsignal runter, bevor uns der noch in den nächsten Block brettert!" Fortsetzung auf der Strecke: Das Vorsignal schaltet auf Halt. Rums! Kreisch! Quietsch! Dann: friedlichste, idyllische Ruhe. Der EC steht auf einer satt-grünen Frühlingswiese mit gelben und weißen Inseln von Löwenzahn und Gänseblümchen. Einige neugierige Fahrgäste versuchen, die Fenster zu öffnen. (Geht aber nicht.) Nach drei Minuten quäkt der Lautsprecher: „Bitte nicht aussteigen. Dies ist ein außerplanmäßiger Halt aufgrund einer betrieblichen Störung. Die Weiterfahrt verzögert sich um wenige Minuten." Nach weiteren 15 Minuten (offensichtlich hat Harry den Lokführer für den Triebwagen schon gefunden) setzt sich der Zug ganz langsam in Bewegung und fährt, siehe das Diagramm kurz vor T) ganz, ganz vorsichtig (falls der Lokführer vielleicht doch noch nicht gefunden worden sein sollte) Richtung Gleis 17. Sie sehen: wenn man genau hinguckt, verrät so ein Funktionsgraph ganze Dramen!

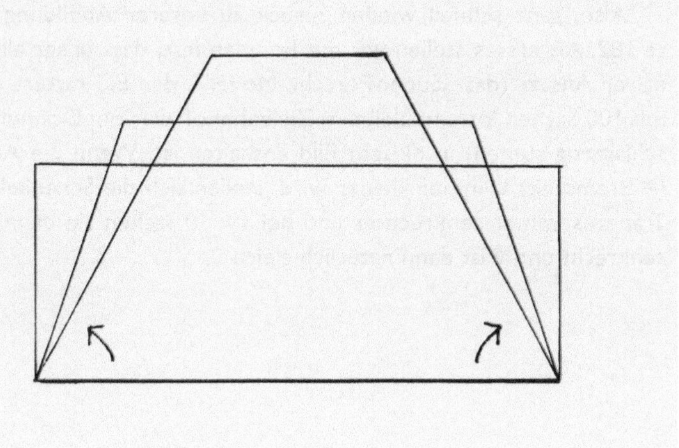

Und das andere Extrem (der EC ist eine Art intergalaktisches Raumschiff und braucht ziemlich lange, um seine Fluchtgeschwindigkeit aus
dem Schwerefeld des Nürnberger Hauptbahnhofs zu erreichen) steckt
auch schon in dieser Abbildung (Seite 182). Der Lokführer möge so
lange Gas geben, wie's geht. Aber wie lange geht es? Nachdem wir dra-
konische Bremsmaßnahmen (Notbremse, Kühe auf dem Gleis) ausge-
schlossen und stattdessen gefordert haben, der Zug soll so sanft zum
Stehen kommen wie er anfuhr, muss der Lokführer spätestens nach
der halben Fahrzeit ($\frac{T}{2}$), aber dann wirklich, blitzartig mit seinem Blei-
fuß vom Gas auf die Bremse wechseln (sofern EC-Lokomotiven Pedale
haben sollten), sonst kommt er erst im schönen Straubing in Niederbayern (ca. 40 km hinter Regensburg Hbf) zum Stehen. (Aber Straubing
ist kein EC-Halt!)

Unser Zug kann also höchstens bis $\frac{T}{2}$ beschleunigen, d. h. die Zeit,
in der die Spitzengeschwindigkeit $\hat{v}$ tatsächlich gefahren wird, schnurrt
auf den Zeit*punkt* $\frac{T}{2}$ zusammen. Das ist nicht lang. Und es entsteht ein
Dreieck: bis $\frac{T}{2}$ immer schneller, ab $\frac{T}{2}$ wieder immer langsamer. Und
welche Geschwindigkeit die Tachonadel im Zeitpunkt $\frac{T}{2}$ mal kurz an-
tippen muss, kann man sich auch überlegen. Unser Zug fährt ja im Mit-
tel 100 km/h. Dann muss er nach einer halben Stunde ($\frac{T}{2}$) als Spitzen-

geschwindigkeit 200 km/h fahren.[9] Denn dann fährt er die erste Viertel-stunde weniger als 100 Sachen, die zweite Viertelstunde entsprechend drüber. Näheres regelt die folgende Abbildung.

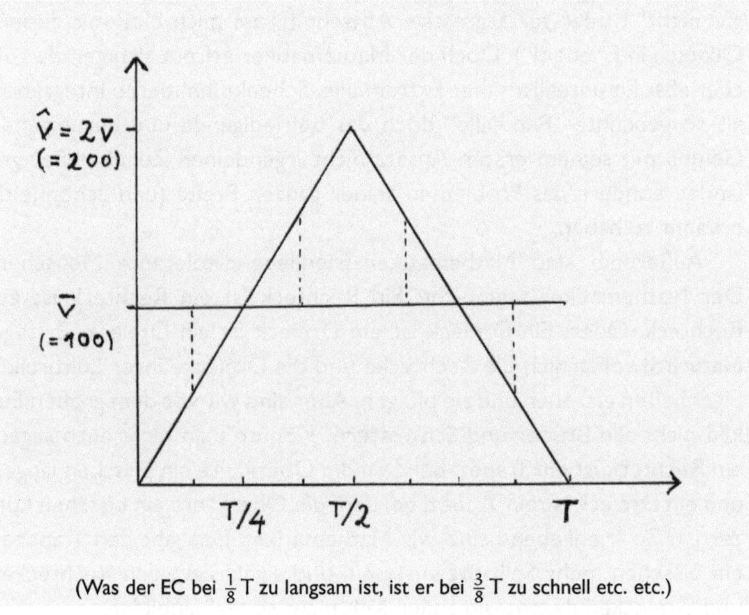


(Was der EC bei $\frac{1}{8}$ T zu langsam ist, ist er bei $\frac{3}{8}$ T zu schnell etc. etc.)

Auf solch abartige Dinge wie von „0 auf 100 in 0 Sekunden" (Modell Super-Porsche) oder wie „eine halbe Stunde Vollgas, dann eine halbe Stunde auf die Bremse latschen" (Modell Raumschiff Enterprise), auf so

---

9    Mein Sohn erklärte mir, die E 101 (so heißt die EC-Lok unter Kennern) hätte eine viel höhere Spitzengeschwindigkeit. Also für Bahnenthusiasten: „Spitzengeschwin-digkeit" meint hier nicht die potentielle „Spitze" $SPI_{POT}$, die man aus der Lok rauskitzeln könnte, sondern die hier aktuell gefahrene maximale Geschwindigkeit $SPI_{AKT} = \hat{v}$.

was kommt ein normaler Mensch natürlich erst gar nicht. Und wenn ein Mathematiker (= nicht normaler Mensch) solche Entdeckungen voller Entzücken seiner Mitwelt mitteilt (geteilte Freude ist doppelte Freude), stößt er entsprechend oft auf dumpfe Ablehnung („Gibt's doch gar nicht!") oder gar aggressive Abwehr („Lass mich bloß mit diesem Quatsch in Frieden!"). Doch der Mathematiker erfreut sich gerade solcher absolut unrealistischer Extremfälle. Schenkt ihm deren Integration als so genannte „Randfälle" doch das befriedigende und beruhigende Gefühl, mit seinem ersten Ansatz nicht irgendeinen Zufallstreffer gelandet, sondern das Problem in seiner ganzen Breite (und Schönheit!) erkannt zu haben.

Außerdem sind Mathematiker friedliebend-tolerante Menschen. Der Mathematiker sagt nicht: Ein Rechteck ist ein Rechteck ist ein Rechteck. Oder: Ein Dreieck ist ein Dreieck ist ein Dreieck. Er sagt: Natürlich sollen sich die Rechtecke und die Dreiecke ihrer kulturellen Eigenheiten erfreuen und sie pflegen. Aber sind wir vor dem großen Euklid nicht alle Brüder und Schwestern? Könnte man nicht auch sagen, ein Rechteck ist ein Trapez, bei dem die Oberkante ein bisschen länger, und ein Dreieck ist ein Trapez, bei dem die Oberkante ein bisschen kürzer ist? So friedliebend sind wir Mathematiker. Das gibt den Trapezen ein bisschen mehr Selbstbewusstsein und signalisiert den Rechtecken und Dreiecken dezent, sie sollen sich nicht so viel einbilden.

Jedenfalls können wir unser Problem jetzt schon ganz souverän formulieren:

> Ein Zug (Sie können je nach Ihrer Freude am Konkreten und am Abstrakten jede Formulierung zwischen „Der EC 25 der DB zwischen Nürnberg und Regensburg" oder „ein linearer bewegter Massenpunkt" sagen. Ich finde, „ein Zug" ist ein guter Kompromiss. Also noch mal: Ein Zug) fährt zwischen zwei Haltepunkten in der Zeit T mit der Durchschnittsgeschwindigkeit $\bar{v}$. Er beschleunigt und bremst gleichmäßig während derselben Zeitdauer t. Dazwischen fährt er konstant mit der Spitzengeschwindigkeit $\hat{v}$. Wie hängt $\hat{v}$ von t ab?

Und wir wissen auch schon ziemlich viel. Wir wissen, dass t nicht kleiner als 0 sein kann. (Na ja. Wie auch? Aber dass t *theoretisch* 0 sein *könnte*, haben wir erfolgreich integriert.) Und wir wissen (was schon etwas schlauer als „nicht kleiner als 0" ist), dass t nicht größer als $\frac{T}{2}$ werden kann. (Ich sage nur: Straubing!) Und wir wissen: wenn t von 0 bis $\frac{T}{2}$ wächst, wächst auch $\hat{v}$ von $\bar{v}$ bis $2\bar{v}$. $\hat{v}$ in Abhängigkeit von t verläuft also irgendwie von links unten nach rechts oben, und zwar in dem abgesteckten Feld:

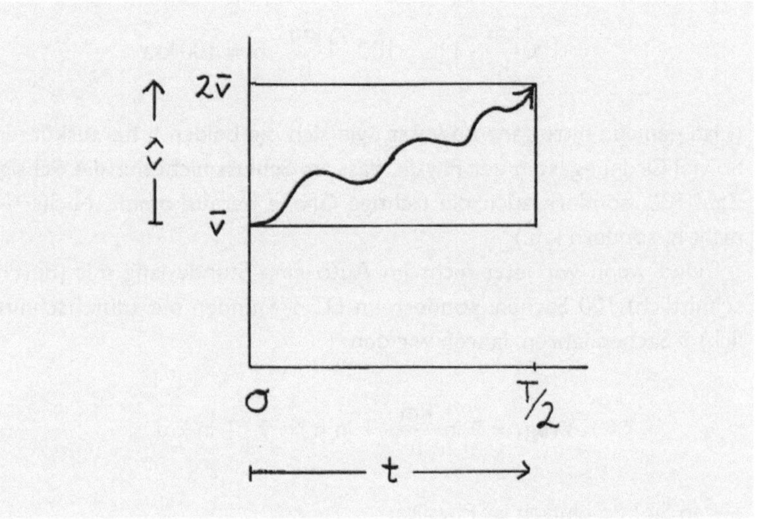


Wenn man's aber *noch* genauer wissen will (noch genauer als diese Zick-Zack-Irgendwie-Kurve), hilft alles nichts mehr, kein Drumherumreden, kein heuristisches Umkreisen des heißen Breies. Jetzt kommt die Stunde der Wahrheit: JETZT WIRD GERECHNET! (Tief im Herzen erwartet man als Ingenieur natürlich auch, dass keine solche Kuddel-Muddel-Kurve herauskommt, sondern irgendwas Schickes, Elegantes. Und das heißt auch: etwas, das sich glatt rechnen lässt.)

Aus Geschwindigkeit und Zeit lässt sich bekanntlich die zurückgelegte Strecke berechnen. Nicht klar? Wenn Sie in Ihrem Auto (Um endlich mal ein wirklich realistisches Beispiel anzuführen! Wer fährt schon Zug?) eine Stunde lang mit 100 Sachen (sprich: km/h) unterwegs sind, kommen Sie wie weit? Na? 100 km. Eben. Weil

$$\text{Geschwindigkeit} = \frac{\text{Weg}}{\text{Zeit}}$$

also, wenn wir „die Zeit rüberbringen",

$$\text{Weg} = \text{Geschwindigkeit} \cdot \text{Zeit}$$
$$= 100\,\frac{\text{km}}{\text{h}} \cdot 1\,\text{h} = 100 \cdot 1\,\frac{\text{km}}{\text{h}} \cdot \text{h} = 100\,\text{km}$$

(Man genieße bitte ganz bewusst, wie sich die beiden h herauskürzen. So viel Ordnung ist in der Physik, dass am Schluss nicht nur die richtige Zahl 100, sondern auch die richtige Größe herauskommt. Nicht $\frac{\text{km}}{\text{h}}$, nicht h, sondern km.)

Und wenn wir jetzt nicht im Auto eine Stunde lang mit (durchschnittlich) 100 Sachen, sondern im EC T Stunden mit (durchschnittlich) $\bar{v}$ Sachen fahren, fahren wir den

$$\text{Weg} = \bar{v} \text{ in } \frac{\text{km}}{\text{h}} \cdot \text{T in h} = \bar{v} \cdot \text{T in km.}$$

Sehen Sie? So einfach ist Physik.

Für den gesamten Weg erhalten wir also: Weg = $\bar{v}$T.

Und wenn wir jetzt die einzelnen Teilstrecken gemäß dem genaueren Modell von Seite 182 berechnen, dann erhalten wir der Reihe nach:

*Weg 1:* konstante Beschleunigung von 0 bis $\hat{v}$, also Durchschnittsgeschwindigkeit $\frac{\hat{v}}{2}$ während der Zeit t (siehe a): $\frac{\hat{v}}{2} \cdot t$

*Weg 2:* konstante Geschwindigkeit $\hat{v}$ während der Zeit: Gesamtzeit – Beschleunigungsphase – Bremsphase, also T – t – t (siehe b): $\hat{v} \cdot (T - 2t)$

*Weg 3:* konstante Bremsung von $\hat{v}$ bis 0, also Durchschnittsgeschwindigkeit $\frac{\hat{v}}{2}$ während der Zeit t (siehe c): $\frac{\hat{v}}{2} \cdot t$

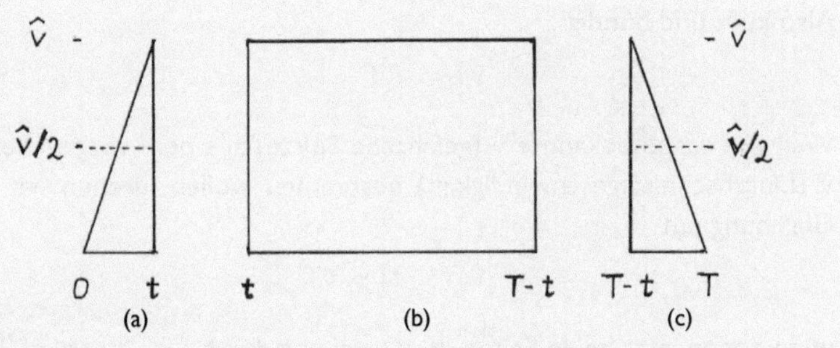


Wir erhalten also insgesamt

$$\text{Weg} = \text{Weg 1} + \text{Weg 2} + \text{Weg 3}$$

$$= \frac{\hat{v}}{2} \cdot t + \hat{v} \cdot (T - 2t) + \frac{\hat{v}}{2} \cdot t$$

Wir haben jetzt die zurückgelegte Strecke einmal über die Durchschnittsgeschwindigkeit (während ganz T) und einmal über die 3 Teilstrecken (Weg 1 + Weg 2 + Weg 3) ausgerechnet und erhalten

$$\bar{v}T = \frac{\hat{v}}{2}t + \hat{v}(T - 2t) + \frac{\hat{v}}{2}t.$$

Und ab jetzt heißt es: Nicht mehr denken. Nur noch rechnen!

$$\bar{v}T = \frac{\hat{v}}{2}t + \hat{v}(T - 2t) + \frac{\hat{v}}{2}t \qquad \text{(umordnen)}$$

$$= \frac{\hat{v}}{2}t + \frac{\hat{v}}{2}t + \hat{v}(T - 2t) \qquad \text{(zwei halbe Kuchen ergeben einen ganzen Kuchen, der Kuchen ist hier } \hat{v}t\text{)}$$

$$= \hat{v}t + \hat{v}(T - 2t) \qquad (\hat{v} \text{ einklammern})$$

$$= \hat{v}t + \hat{v}T - 2\hat{v}t \qquad (\hat{v} \text{ wieder ausklammern})$$

$$= \hat{v}(t + T - 2t) \qquad \text{(umordnen)}$$

$$= \hat{v}(T + t - 2t) \qquad \text{(alter Kontostand 100 EUR, Abbuchung 200 EUR, neuer Kontostand } -100\text{EUR)}$$

$$= \hat{v}(T - t)$$

Also kurz und bündig:

$$\bar{v}T = \hat{v}(T - t)$$

Weil wir das unbekannte $\hat{v}$ (gefahrene Spitze) aus dem vorgegebenen $\bar{v}$ (Durchschnittsgeschwindigkeit) bestimmen wollen, drehen wir die Gleichung um

$$\hat{v}(T - t) = \bar{v}T$$

und können jetzt beide Seiten der Gleichung durch $(T - t)$ teilen,[10] so dass wir als triumphales Endergebnis

$$\hat{v} = \frac{T}{(T - t)}\bar{v} \quad (*)$$

erhalten. (Der Stern in Klammern ist kein verunglücktes Fußnotenzeichen. In Mathematikbüchern werden wichtige Gleichungen gerne mit einem Sternchen markiert. Das machen wir jetzt auch mal.)

Bevor wir jetzt zum großen Finale ausholen: Leser, die aus ihrer Gymnasialzeit noch wissen, dass $s = \int v\,dt$ (sind erfahrungsgemäß nicht viele) verfolgen unsere biederen Bemühungen sicher seit vielen Seiten schon mit einem spöttischen Lächeln. Aber das obskure Zeichen $\int$ (sprich: Integral) braucht man eigentlich nur für so chaotische Zugfahrten wie in der Abbildung auf Seite 184 unten. Das Integralzeichen meint nämlich nichts anderes als die Flächen zwischen der Geschwindigkeitskurve und der Zeitachse. Bei einem anständigen EC kann man diese Fläche aber auch „zu Fuß" berechnen. Man betrachte daraufhin noch mal die Abbildung auf Seite 191. Insbesondere versenke man sich noch einmal auf intelligente Weise in (a). Als kleine Versenkungshilfe sei hier die folgende Abbildung angeboten.

---

10   Für kritische Leser: Wir können nicht nur, wir dürfen sogar, weil $0 \leq t \leq \frac{T}{2}$, also $T - t \geq T - \frac{T}{2} = \frac{T}{2} > 0$. Denn merke: Durch 0 teilen bringt Unglück! (Alte Mathematiker-Weisheit.)

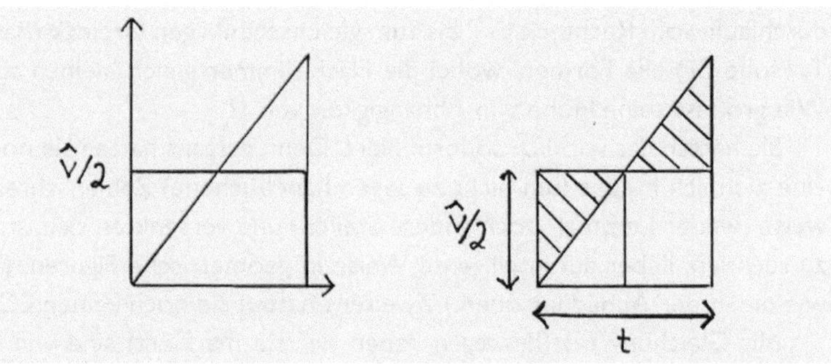

Wir haben gerechnet: Weg 1 = mittlere Geschwindigkeit mal Zeit = $\frac{\hat{v}}{2}\cdot t$. Und jetzt knipsen wir das obere Dreieck ab, drehen es nach unten, kleben es wieder an und sehen: die Fläche des Rechtecks ($\frac{\hat{v}}{2}\cdot t$) ist gleich der Fläche unseres Beschleunigungsdreiecks. Das Gleiche gilt für das Bremsdreieck. Und dass Weg 2 = $\hat{v}(T - 2t)$ die Fläche des Rechtecks aus (b) (Seite 191) ist, ist sowieso klar. Also: Gratulation! Sie haben mit Weg 1 + Weg 2 + Weg 3 die Fläche eines gleichschenkeligen Trapezes berechnet und damit $\int v dt$. Nicht für die Abbildung auf Seite 184. Nur für die Abbildung auf Seite 182. Aber immerhin.

Die alten Griechen jedenfalls hätten unser Problem so formuliert. Ein gleichschenkeliges Trapez

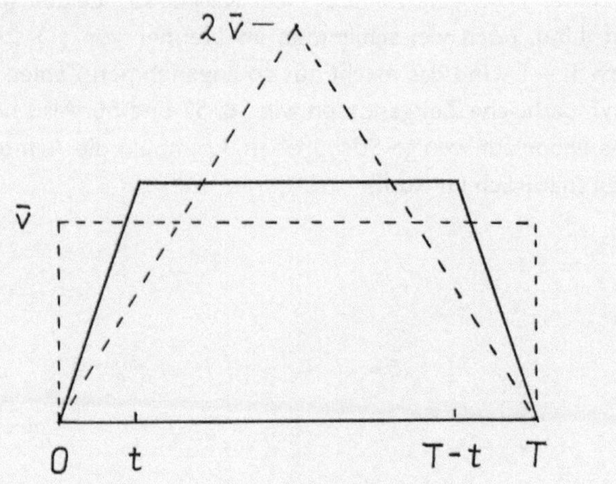

durchlaufe vom Rechteck $\bar{v} \cdot T$ bis zum gleichschenkligen Dreieck (Basis T, Höhe $2\bar{v}$) alle Formen, wobei die Fläche immer gleich bleiben soll. Wie groß ist seine Höhe $\hat{v}$ in Abhängigkeit von t?

Sie hätten das wirklich so formuliert. Denn erstens hatten sie noch eine ziemlich krause (um nicht zu sagen hanebüchene) Zahlenschreibweise (weder Dezimal- noch andere Stellen) und versenkten sich, statt zu rechnen, lieber auf intelligente Weise in geometrische Figuren. (So wie die in der Abbildung oben.) Zweitens hatten sie noch keinen EC.

Mit Gleichung (∗) (*deswegen* haben wir sie markiert) sind wir eigentlich fertig. Wir können jetzt aus vorgegebenem $\bar{v}$ und T (wie im Streckenbegleiter angegeben) zu jeder angenommenen Beschleunigungs- und Bremszeit t die daraus resultierende tatsächliche Spitzengeschwindigkeit $\hat{v}$ berechnen. Aber jetzt können wir unsere Neugier nicht mehr beherrschen und wollen wissen, wie $\hat{v}$ ganz konkret mit wachsendem t mitwächst. Und da $T = 1h$, sind wir guten Mutes. Eine Stunde ist nämlich nicht zuletzt deswegen eine feine Sache, weil sie 60 Minuten hat, eine famose Zahl, die sich wunderbar teilen lässt. Z. B. durch 30, 20, 15, 12, 10, 6, 5, 4, 3 und 2. (Deswegen haben ja die Babylonier festgelegt: 1 h = 60 min.)

Jedenfalls, wenn jetzt auch noch Regensburg von Nürnberg statt 100 nur 60 km entfernt wäre, wäre das Ausrechnen einer Wertetabelle ein reines Fest: eine Minute – ein Kilometer! Leider sind es aber 100 km. Und, noch viel schlimmer, im Nenner von (∗) steht nicht t sondern $T - t$. Und das macht aus so angenehmen Zahlen wie 2, 3, 4 so unsympathische Zeitgenossen wie 58, 57 und 56. Also beschränken wir uns lieber auf wenige Stichproben, krempeln die Ärmel hoch und rechnen (natürlich im Kopf):

| $t =$ | 0' | 5' | 10' | 15' | 20' | 30' |
|---|---|---|---|---|---|---|
| $T - t =$ | 60' | 55' | 50' | 45' | 40' | 30' |
| $\dfrac{T}{(T-t)}$ | $\dfrac{60}{60}$ | $\dfrac{60}{55}$ | $\dfrac{60}{50}$ | $\dfrac{60}{45}$ | $\dfrac{60}{40}$ | $\dfrac{60}{30}$ |
| ausgerechnet | 1 | $\dfrac{12}{11}$ | $\dfrac{6}{5}$ | $\dfrac{4}{3}$ | $\dfrac{3}{2}$ | 2 |
| ganz ausgerechnet | 1 | $1,09^{11}$ | $1,2$ | $1,33$ | $1,5$ | 2 |
| $\hat{v} = \dfrac{T}{(T-t)} 100$ | 100 | 109 | 120 | 133 | 150 | 200 |

(Nur, falls Sie schon länger nicht mehr gerechnet haben sollten: Das „ausgerechnet" bedeutet, dass die Brüche so weit wie möglich gekürzt werden, dass also statt $\frac{60}{50}$ einfach $\frac{6}{5}$ geschrieben wird. Und „ganz ausgerechnet" bedeutet dann den Übergang zur üblichen Dezimalschreibweise, also, nachdem $\frac{1}{5}$ gleich 0,2 ist, statt $\frac{6}{5} = 1\frac{1}{5}$ jetzt 1,2.)

Das kann man auch in einem Diagramm darstellen.

---

11 Viele werden es nicht glauben. Aber sogar so was kann man im Kopf rechnen. Ehrlich! $11 \times 9$ ist 99, nicht wahr? Dann ist $11 \times 0,9 = 9,9$ und $11 \times 0,09 = 0,99$. Und das ist ungefähr gleich 1. (Wegen dem einen Hundertstel wollen wir nicht streiten.) Also $\frac{1}{11} \approx 0,09$ ($\approx$ sprich: ungefähr gleich) und $12/11 = 1+\frac{1}{11} \approx 1.09$ – es geht doch!

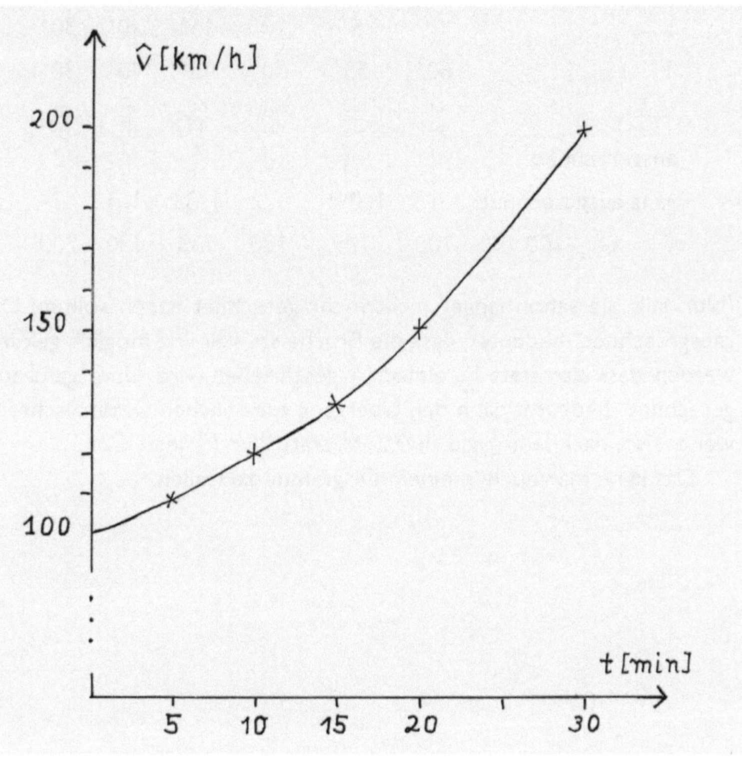



Es entsteht keine wilde Zick-Zack-Kurve, aber auch keine einfache Gerade, sondern, wie wir es auch erwartet haben, etwas Schickes, Elegantes: ein Parabelstück.[12]

Damit wäre das Problem erschöpfend gelöst. Wer einen ganz bestimmten Wert haben will, etwa $\hat{v}$ für eine Beschleunigungsphase, na sagen wir, von 7′45″, der setze diesen Wert in unsere Formel (∗) ein – fertig. Wer sich aber für den Gesamtzusammenhang zwischen t und $\hat{v}$ interessiert, der möge einfach unser Diagramm bewundern. Damit kann man zufrieden sein.

Wenn man Ingenieur ist.

---

12   Sieht jedenfalls so aus.

Wenn man Mathematiker ist (*hier* zeigt es sich, ob man wirklich einer ist) verspürt man aber ganz tief in der Magengrube immer noch ein leichtes, aber doch vorhandenes Unbehagen. Eigentlich will ich nur wissen: Wie wächst die Spitzengeschwindigkeit mit wachsendem Anteil der Beschleunigungs- und Bremsphase? Dass das ausgerechnet der EC 25 ist, der zufällig gerade zwischen Nürnberg und Regensburg für 100 km eine Stunde braucht, ist zwar nett, ist mir aber für die kosmisch-globale, oder jedenfalls ganz allgemeine Fragestellung der Zuwächse relativ egal. Nichts gegen den EC 25, nichts gegen Nürnberg oder Regensburg. Aber der Mathematiker strebt maximale Allgemeinheit an. Wie ist das mit dem EC 26 zwischen Regensburg und Passau? Mit der Transsib zwischen Irkutsk und Wladiwostok? Mit Raumschiff Enterprise zwischen Milchstraße Ostbahnhof und Andromedanebel Hbf? Und vor allem: was steckt hinter dieser Gleichung (∗)? Wenn das eine wächst (die Beschleunigungsphase t), wächst auch das andere (die Spitzengeschwindigkeit). Um diesen Zusammenhang genauer zu verstehen, fragen wir jetzt nach den *Zuwächsen* x bzw. y der Beschleunigungsphase bzw. der Spitzengeschwindigkeit.

Wenn x von 0 bis $\frac{1}{2}$ wächst, dann wächst

$$t = 0 + xT$$

von 0 bis $\frac{T}{2}$. Und (wie wir uns oben überzeugt haben) mit t wächst auch die Spitzengeschwindigkeit $\hat{v}$ von $\bar{v}$ bis $2\bar{v}$, was man auch so schreiben kann:

$$\hat{v} = \bar{v} + y\bar{v}$$

wobei y von 0 bis 1 wächst.

Wir überprüfen noch einmal die Randfälle:

$$x = 0 \quad \text{ergibt} \quad t = 0 + xT = 0 + 0T = 0 + 0 = 0$$

$$y = 0 \quad \text{ergibt} \quad \hat{v} = \bar{v} + y\bar{v} = \bar{v} + 0\bar{v} = \bar{v} + 0 = \bar{v}$$

$$x = \tfrac{1}{2} \quad \text{ergibt} \quad t = 0 + xT = 0 + \tfrac{1}{2}T = \tfrac{1}{2}T$$

$$y = 1 \quad \text{ergibt} \quad \hat{v} = \bar{v} + y\bar{v} = \bar{v} + 1\bar{v} = \bar{v} + \bar{v} = 2\bar{v},$$

und fragen: wie wächst y von 0 bis 1, wenn x von 0 bis $\frac{1}{2}$ wächst,

setzen

$$t = 0 + xT \quad \text{und} \quad \hat{v} = \bar{v} + y\bar{v}$$

in unsere Gleichung ($*$) ein (wie gut, dass wir sie markiert haben!) und erhalten aus

$$\hat{v} = \frac{T}{(T-t)}\bar{v}$$

die Formel:

$$\bar{v} + y\bar{v} = \frac{T}{T-(0+xT)}\bar{v}.$$

Auf der linken Seite lässt sich $\bar{v}$ ausklammern und wir erhalten

$$\bar{v} + y\bar{v} = (1+y)\bar{v}.$$

Und die rechte Seite lässt sich erst recht vereinfachen, nämlich so:

$$\frac{T\bar{v}}{T-(0+xT)} = \frac{T\bar{v}}{T-xT} = \frac{T\bar{v}}{T(1-x)} = \frac{\bar{v}}{1-x}.$$

Also ergibt sich:

$$(1+y)\bar{v} = \frac{\bar{v}}{1-x}.$$

Und selbst das können wir noch vereinfachen, indem wir beide Seiten durch $\bar{v}$ teilen.[13] Es ergibt sich

$$1+y = \frac{1}{1-x}$$

oder (auf beiden Seiten 1 abziehen):

$$y = \frac{1}{1-x} - 1 = \frac{1}{1-x} - \frac{1-x}{1-x} = \frac{1-(1-x)}{1-x} = \frac{1-1+x}{1-x} = \frac{x}{1-x}$$

Und mit

$$y = \frac{x}{1-x} \qquad (**)$$

---

13  Für kritische Leser: Eingedenk der Mathematiker-Weisheit „Durch 0 teilen bringt Unglück!" halten wir kurz inne, atmen aber sofort erleichtert auf, in dem wir feststellen: $\bar{v} = 0$ ist kein schwieriger Randfall, sondern definitiv uninteressant. Es rührt sich nichts. Gar nichts. Das gibt's nicht mal bei der DB.

atmet man beglückt und zufrieden durch. Es ist geschafft. Nürnberg und Regensburg, Wladiwostok und Andromedanebel Hbf, $T$ und $\hat{v}$, diverse Beschleunigungsphasen und Spitzengeschwindigkeiten sind ganz weit weg (real wie metaphorisch). Wir haben das Problem von allen irdischen Schlacken des Konkreten befreit und seinen innersten Kern freigelegt. $y = \frac{x}{1-x}$, eine schickere Formel für unser Problem gibt es nicht. Und der innerste Kern des Problems ist eine Transformation des Zahlenabschnitts $0 \le x \le \frac{1}{2}$ auf den Zahlenabschnitt $0 \le y \le 1$.

Die einfachste Transformation dieser Art, die die Ränder korrekt aufeinander abbildet, wäre natürlich (da $2 \cdot 0 = 0$ und $2 \cdot \frac{1}{2} = 1$):

$$y' = 2x' \quad \text{(siehe (a) in der nächsten Abbildung)}$$

Unsere Transformation ist etwas komplizierter. Um herauszufinden *wie* kompliziert, fertigen wir wieder eine kleine Wertetabelle an:

| $x =$ | $0$ | $\frac{1}{10}$ | $\frac{2}{10}$ | $\frac{3}{10}$ | $\frac{4}{10}$ | $\frac{5}{10}$ |
|---|---|---|---|---|---|---|
| $1-x =$ | $1$ | $\frac{9}{10}$ | $\frac{8}{10}$ | $\frac{7}{10}$ | $\frac{6}{10}$ | $\frac{5}{10}$ |
| $\frac{x}{(1-x)}$ | $0$ | $\frac{1}{9}$ | $\frac{2}{8}$ | $\frac{3}{7}$ | $\frac{4}{6}$ | $1$ |
| dezimal $\approx$ | $0$ | $0,11$ | $0,25$ | $0,42$ | $0,66$ | $1$ |

Das ergibt, im Vergleich zur einfachen Streckung durch Verdoppelung in (a) der folgenden Abbildung, die etwas gedämpftere Streckung in (b)[14]

---

14 Wenn man statt von $0$ bis $\frac{1}{2}$ umgekehrt $x$ von $\frac{1}{2}$ ausgehen und der Reihe nach die Brüche $\frac{1}{2}, \frac{1}{3}, \frac{1}{4}, \frac{1}{5} \ldots$ also allgemein $\frac{1}{n}$ ($n = 2, 3, 4, \ldots$) durchlaufen lässt, erhält man zu $x = \frac{1}{n}$ den Wert

$$y = \frac{x}{1-x} = \frac{\frac{1}{n}}{1 - \frac{1}{n}} = \frac{\frac{1}{n}}{\frac{n}{n} - \frac{1}{n}} = \frac{\frac{1}{n}}{\frac{n-1}{n}} = \frac{1}{n-1}$$

also der Reihe nach $\frac{1}{1}, \frac{1}{2}, \frac{1}{3}, \frac{1}{4} \ldots$ Der Bruch $\frac{1}{n}$ wird also auf den Bruch $\frac{1}{n-1}$ abgebildet. Erstens ist das sehr nett. Und zweitens erkennt man so die Gedämpftheit dieser Art von Streckung. Denn für $n > 2$ (also $n = 3, 4, 5, \ldots$) gilt:
Mit $n > 2$ ist auch $n + n > 2 + n$, also $2n > 2 + n$ also (auf beiden Seiten 2 abziehen) $2n - 2 > n$, also $2(n - 1) > n$. Jetzt teilen wir diese „Ungleichung"

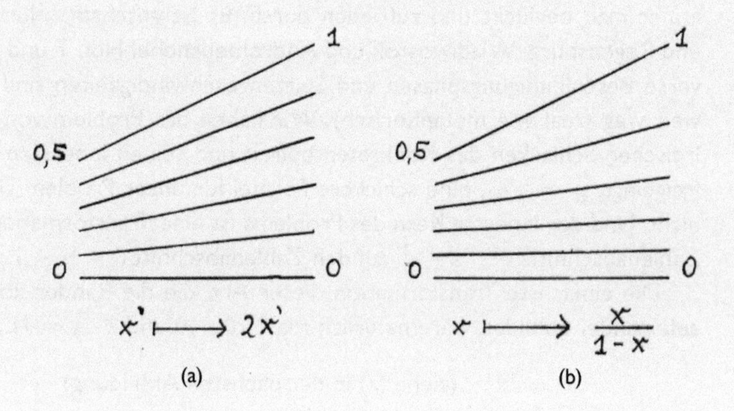


und das folgende Diagramm:

---

(das heißt so) durch $(n-1)n$ und erhalten

$$\frac{2(n-1)}{(n-1)n} > \frac{n}{(n-1)n}$$

und gekürzt

$$\frac{2}{n} > \frac{1}{(n-1)}$$

Also ergibt die Transformation gemäß (a) der Abbildung

$$\frac{1}{n} \to 2 \cdot \frac{1}{n} = \frac{2}{n}$$

ab $n = 3$ immer größere Werte als die Transformation gemäß (b) der Abbildung.

$$\frac{1}{n} \to \frac{1}{n-1}$$

Nichtsdestotrotz entsteht auch bei (b) aus dem Stück $0 \leq x \leq \frac{1}{2}$ der ganze Abschnitt $0 \leq y \leq 1$. Nur eben etwas zäher.

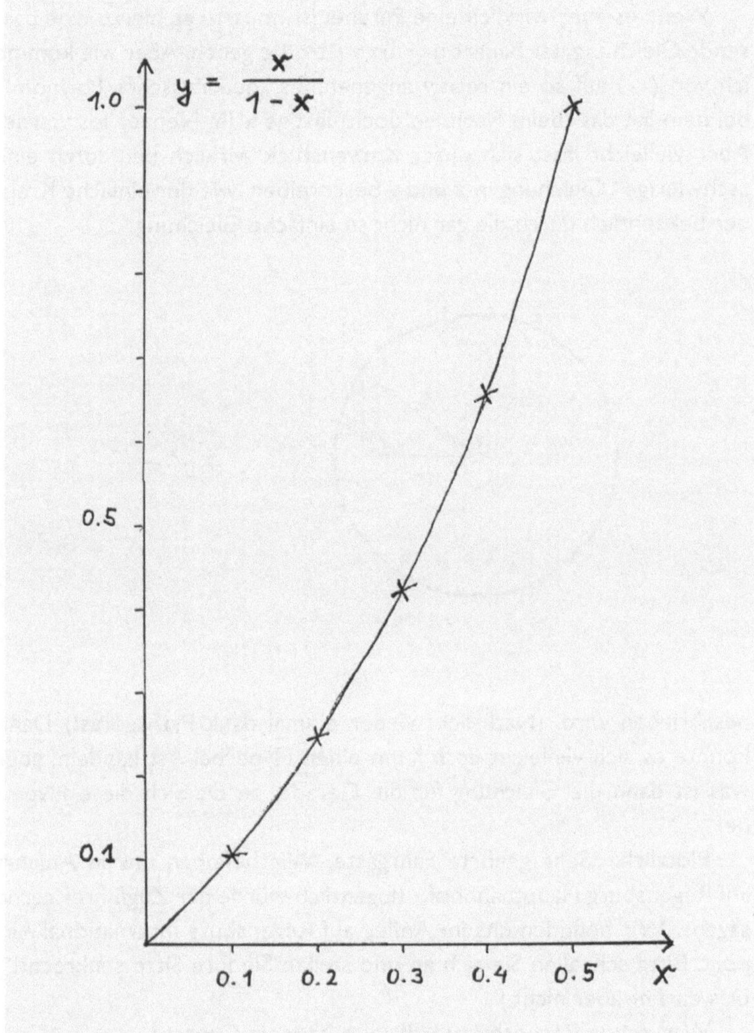


Das sieht jetzt schon dramatisch nach einem Parabelstück aus. (Allerdings schmiegt sich diese Parabel hier nicht an die x-Achse, sondern stürzt sich erst mal in die Tiefe des Raumes.)

Wenn es aber wirklich eine Parabel ist, müsste es hierzu eine passende Gleichung der Bauart $y = ax^2 + bx + c$ geben. Aber wie komme ich von (∗∗) auf so ein relativ angenehmes „quadratisches Polynom", bei dem ich das (beim Rechnen doch) lästige $x$ im Nenner los werde? Aber vielleicht lässt sich unser Kurvenstück wirklich nur durch eine „schwierige" Gleichung in x und y beschreiben, wie der einfache Kreis, der bekanntlich durch die gar nicht *so* einfache Gleichung

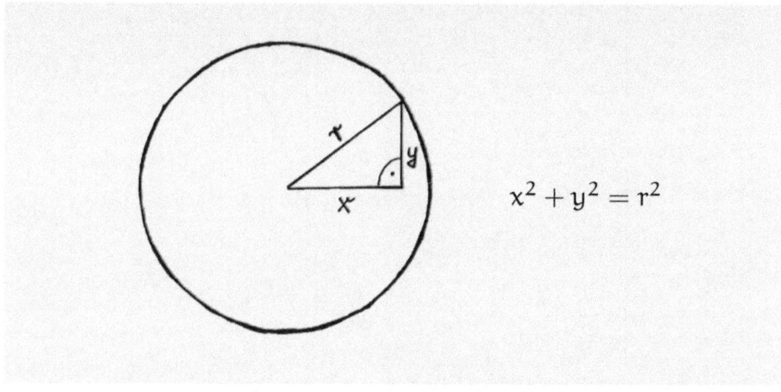


beschrieben wird. (Natürlich wieder einmal dank Pythagoras!) Dann könnte es sich vielleicht *doch*[15] um einen Hyperbel-Ast handeln, aber was ist dann die Gleichung für die Gerade, an die sich diese Hyperbel ...?

Plötzlich: „Sehr geehrte Fahrgäste. Wir befinden uns in Anfahrt auf Regensburg Hauptbahnhof." (Eigentlich würde der Zugführer gerne sagen: „Wir befinden uns im Anflug auf Regensburg International Airport. Bitte schnallen Sie sich an und stellen Sie Ihre Sitze senkrecht!". Das darf er aber nicht.)

Was, schon Regensburg? Hilfe, wo ist mein Gepäck?

---

15 Weitere Mathematiker-Weisheit: x im Nenner bringt kein Unglück, aber macht Ärger.

Und während man dann aussteigt, stellt man glücklich fest: so schnell ging's ja noch nie von Mainz (Unterhaus) nach Regensburg (Statt-Theater)!

Und man stellt vergnügt fest: Man kann tatsächlich mit Mathematik die Zeit verkürzen. (Sogar ohne Einstein. Nur mit + und ×. *Mit* Einstein natürlich auch. Aber nicht im EC 25. Da braucht's schon bisschen schnellere Züge.)[16]

PS: Das mit der Parabel und der Hyperbel war natürlich nicht mehr nur + und ×. Aber da haben wir ja auch aufgehört. Und soo schwierig wär's nun auch wieder nicht. Bis in die 70er Jahre gehörte das noch zum mathematischen Kanon deutscher Gymnasien (Stichwort: Kegelschnitte).[17] Aber natürlich stellt sich jetzt die Frage: *Was, zum Teufel, hat Zugfahren mit einem zersägten Kegel zu tun?* Gut, dass ich schon im Taxi sitze und gleich im Theater meine Technikprobe habe. Die Welt steckt voller Rätsel!

---

16   Für Details vgl. Einstein, A.: Zur Elektrodynamik bewegter Körper, Berlin +1905

17   Für Details vgl. Apollonius v. P.: Konika, Alexandria −225

# Kunst und Wahrheit

Ich war bei einer öffentlichen Veranstaltung als „kulturelles Rahmenprogramm" (oder einfach als „lustige Einlage") engagiert. Vor meinem Auftritt: die übliche Folge von Festvorträgen und Grußadressen. Unmittelbar vor mir spricht, in Vertretung des Herrn Kultusministers, ein hoher Ministerialbeamter. Ich höre nur mit einem halben Ohr zu, weil ich mit geschlossenen Augen versuche, an die bisher gehörten Reden anknüpfend einen schönen Einstieg für meinen gleich folgenden Auftritt zu finden – da reißt es mich plötzlich aus meiner Versunkenheit, denn ich höre: „Laut einer Emnid-Umfrage halten sich übrigens 72 % aller Deutschen für gebildet, glauben aber, dass auf einen mit Bildung mindestens vier ohne ... " MEIN Text! Wörtlich aus Kap. 2.

Als ich den Redner hinterher darauf anspreche, war er leicht betreten. Einen Teil von Kapitel 2 hatte ich nämlich schon veröffentlicht, bei den „Mitteilungen der Deutschen Mathematiker-Vereinigung" (diese Zeitschrift ist deutlich spannender als ihr Titel verheißt) und in „aviso" (diese Zeitschrift hat einen neugierig machenden Titel und ist trotzdem noch spannender als ihr Titel verspricht). Offensichtlich hatte ein fleißiger Zuarbeiter diese Stelle als nett empfunden und in das Redemanuskript einfließen lassen. Die nicht unwichtige Zusatzinformation, dass das aus einem satirischen Kabarettprogramm stammt (in beiden Veröffentlichungen groß und deutlich vorausgeschickt) ging dabei irgendwo dazwischen verloren. Und auf einmal taucht diese rein satirische Formulierung der Tatsachen, dass sich 1) Deutsche überwiegend für gebildet halten, dass 2) der Dumme immer der Andere ist, dass aber 3) keiner mehr ordentlich (prozent-)rechnen kann und dass 4) demoskopische Institute fortwährend zu allem gefragt und ungefragt ihren prozentualen Kommentar abgeben – taucht diese rein satirische Formulierung plötzlich in einer seriösen Festrede auf.

Durch dieses Erlebnis zutiefst aufgewühlt und besorgt weise ich deswegen nach Abschluss meines Manuskriptes noch ein Mal (vgl. die Gebrauchsanweisung) laut und deutlich, sozusagen als letzte Warnung, darauf hin: dieses Buch ist KEIN SACHBUCH und insbesondere NICHT zum Zitieren in seriösen Veröffentlichungen geeignet (höchstens mit dem Zusatz: „. . . oder, wie ein Kabarettist es einmal formulierte . . .“).

Und um diesen Unterschied zwischen satirisch und seriös ganz deutlich zu machen (und auch weil es recht amüsant ist) zum Schluss noch ein paar Beispiele zum schwierigen Verhältnis zwischen „Kunst und Wahrheit" oder, hängen wir's zwei Etagen tiefer, zwischen „Kleinkunst und Korrektheit".

In Kap. 11 schreibe ich, es gäbe heute noch einige so genannte Naturvölker, die zählten nicht 1, 2, 3, . . . sondern 1, 2, 3, viele. Ein Gast erklärte mir nach meinem Auftritt, es gäbe Naturvölker, die zählten 1, 2, viele. Und es gäbe Naturvölker, die zählten 1, 2, 3, 4, viele. Aber es gäbe nach aktueller ethnologischer Erkenntnis *keine* Naturvölker, die 1, 2, 3, viele zählten. (Da sehen Sie, was für gescheite Zuschauer ich habe!) Nach heftigem inneren Kampf habe ich beschlossen, doch bei 1, 2, 3, viele zu bleiben. Nicht aus Faulheit. (Es wäre leicht zu ändern und ich könnte dem Leser noch mit meiner stupenden Bildung imponieren.) Aber – bitte laut sprechen – 1, 2, 3, viele klingt rhythmisch einfach schlüssiger als 1, 2, viele oder gar 1, 2, 3, 4, viele. Ich bin nun mal auch Musiker. (Außerdem klingt 1, 2, 3, viele auch plausibler.) Und vor allem – es geht hier *nur* um die Tatsache, dass es Menschen gibt, die das „unendliche Zählen" nicht kennen, sondern irgendwo Schluss machen und sagen: jetzt reicht's. Ob das nach 2, 3, 4 oder 17 ist, ist *hier* egal. Dass die Wirklichkeit wieder einmal viel reicher und komplizierter ist als man so denkt, ist schön, und ich werde mich bei Gelegenheit in der Sache näher kundig machen. Aber ich schreibe hier keinen ethnologischen Fachartikel. Also bitte keine Leserbriefe wg. 1, 2, 3, viele – die Kernmessage stimmt.

Wegen der „Bundesbahnneubaustrecke" in Kap. 3 *habe* ich natürlich schon Leserbriefe bekommen (da sehen Sie, was für korrekte Leser ich habe) und ich habe in einer einschlägigen Fußnote, aus der Not eine Tugend machend, versucht, künftigen Leserbriefen mittels der „Diebahnneubaustrecke" vorzubeugen.

Für mein „Das Nachbarschaftsrecht in Baden-Württemberg, 25. Auflage" bekam ich auch schon den Hinweis, es hieße „Das Nachbarrecht in Baden-Württemberg" und aktuell gälte die 20. überarbeitete Auflage und nicht die 25ste. Nach langen inneren Kämpfen habe ich beschlossen, doch bei Nach-bar-schafts-recht zu bleiben. Dieser 4-Silber klingt einfach beengender, zwänglerischer und prozesshanslerischer als „Nachbarrecht". Die maßlose Übertreibung 25 habe ich durch ein nachgestelltes „Mindestens!" relativiert. Denn die hier relevanten Grundtatsachen, dass ein ziemlich ödes Sachbuch sich oft besser verkauft als ein wunderschöner Lyrikband und dass Schwaben in Fragen des Nachbar(schafts)rechtes recht pingelig sein können (Kehrwoche!), bleiben trotz meiner kleinen Abweichungen bestehen. (Natürlich sind Schwaben nicht „pingelig" sondern eher „erbsenzählerisch". Das idiomatisch herzhaftere Synonym wäre natürlich „korinthenkackerisch", was man aber wieder mal nicht schreiben kann. Ohne einen Leserbrief zu riskieren wie: Laut Duden existiert zwar Korinthenkacker, der; ~s, ~ aber eine Adjektivbildung ~isch ist nicht verbürgt. Leser können sehr genau sein.)

Mein Versuch, nachträglich die genauen Platzierungen bei PISA zu rekonstruieren, scheiterte daran, dass es mittlerweile eine unübersehbare Fülle von PISA-Artikeln und so viele pisaartige Vergleiche nach vielerlei Gruppierungen, Aufschlüsselungen und Auswertungskriterien gibt, dass die Platzierungen mittlerweile eine ganze Platzierungsmannigfaltigkeit darstellen. Nach meiner Erinnerung an die relevante Zeit, als der Pisaschock plötzlich über uns hereinbrach – und um diese Situation geht es mir – landete damals Finnland auf Platz 1, Österreich erstaunlich weit vorne und schnitt Deutschland ziemlich mittelmäßig ab (sonst hätte es ja auch keinen Schock gegeben). Und innerhalb Deutschlands lagen Bayern und Baden Württemberg vorne, Nordrhein-Westfalen und Niedersachsen eher mittig und war Bremen das Schlusslicht. Und innerhalb Bayerns (ich habe das irgendwo gelesen, kann aber leider nicht mehr exakt rekonstruieren, in welcher Publikation) lag Oberbayern ganz vorne (im europäischen Kontext angeblich knapp hinter dem benachbarten Österreich) und lag Niederbayern (so was merke ich mir, da das meine Heimat ist) nicht besonders vorne. Ich bin mir also (fast absolut) sicher, dass die von mir geschilderte Reihenfolge stimmt. Ob jetzt allerdings Bremen bei irgendeiner pisaartigen Statistik wirklich auf Platz 53 gelandet ist, kann ich nicht verbürgen. (Die Überschlagsrechnung war einfach: Europa hat mittlerweile ziemlich viele Staaten. Und wenn man jetzt noch Deutschland nach Bundesländern und Regierungsbezirken aufschlüsselt und das ins europäische Ranking einarbeitet, wird die Platzzahl ziemlich hoch.)

Und „irgendwo zwischen Turkmenistan und Tadschikistan" ist natürlich keine Tatsachenbehauptung sondern eine satirische Zuspitzung für „nicht so doll". Ich erwarte in geduckter Haltung böse Briefe aus Bremen, Turkmenistan und Tadschikistan. Und obendrein war das natürlich das Sprungbrett für die doch wirklich schöne Pointe „Gesamtschulistan". Sorry, Satire ist kein Eins-zu-eins-Isomorphismus, sondern nur eine Ähnlichkeitstransformation der Wirklichkeit, bei der die Struktur invariant sein sollte (hier: Finnland $<$ Österreich $<$ Bayern $<$ Deutschland $<$ Bremen) aber die Abstände zwecks Zuspitzung mitunter mehr oder weniger leicht verzerrt sein können.

Und schließlich ist Kabarett ein ambulantes Gewerbe (laut Finanzamt bin ich ein „ambulantes Zimmertheater") und Kabarett-Texte entstehen vorzugsweise im ICE, in Hotelzimmern, in Flughafen-Restaurants und manchmal auch (das sind die besonders heiter-gelösten) in einer Suite mit Meerblick, wenn man mal wieder ein Engagement auf einem schicken Kreuzfahrtschiff hat. Jedenfalls entstehen sie nicht im Büro einer großen Zeitungsredaktion oder eines Universitäts-Instituts mit Bibliothek, Zeitschriftenlesesaal (mit den gebundenen letzten 30 Jahrgängen) und einer gigantisch großen und gigantisch gut organisierten Datenbank.

Deswegen als letztes Beispiel betreffs Kunst und Wahrheit: In Kap. 7 steht ein Peymann-Zitat („Das darf er nicht!") und ich bin mir ganz sicher, das so in einem Interview gelesen zu haben. Nachdem ich aber über keine Datenbank mit Verweisen auf sämtliche Peymann-Interviews der letzten 30 Jahre verfüge, kann ich meine 99%-Sicherheit nicht auf 100% steigern. *Vielleicht* (= 0,9%) stammt dieses markige „Das darf er nicht!" auch von einem anderen Vertreter des deutschen Regietheaters. Oder – Mathematiker sind alle auch Philosophen und wissen, dass wir erkenntnistheoretisch eigentlich gar nichts wissen (deswegen wird man ja Mathematiker) – oder wir sitzen wirklich alle nur in unseren Höhlen und sehen nur die Schatten der Wirklichkeit, und *möglicherweise* (= 0,1%) habe ich diesen Satz doch unbewusst selbst ausgebrütet (in einem Albtraum nach einem Theaterabend, Regie C. Peymann) – *dann* wäre dieser Satz immer noch eine satirisch zugespitzte Formulierung betreffs deutschem Regietheater und, nach meiner Sicht der Dinge, immerhin gut erfunden.

In diesem Sinne: für die Strukturinvarianz meiner satirischen Ähnlichkeitstransformation und ihre innere Wahrhaftigkeit bürge ich nach bestem Wissen und Gewissen. Ich habe mir nichts (jedenfalls bewusst, vgl. oben: Höhlengleichnis) aus den Fingern gesogen. Aber natürlich stellt ein kabarettistisch-satirisches Buch letztlich die subjektive Wahrheit des Autors dar und nicht die objektive Korrektheit eines Sachbuches (aus einem grund- und erzseriösen Wissenschaftsverlag). Sollte ich wirklich irgendwo *inhaltlich-substantiell* daneben liegen, werde ich umgehend in meine Internetseite eine Berichtigung und ehrliche Entschuldigung stellen. (Und wenn es keinen Platz mehr gibt, muss einfach eine neue Auflage gedruckt werden. Vielleicht kommt man ja auch so zu einer 20. überarbeiteten Auflage wie beim Nachbarrecht in Baden-Württemberg.)

# Danksagung

Vor allem bedanke ich mich bei meinem Publikum, das nicht nur über mündliche Hinweise und Leserbriefe bei der Entstehung dieses Buches mitgewirkt hat, sondern vor allem durch wunderschöne Zwischenrufe, gescheite Fragen und die gemeinsame interaktive Zuspitzung von Pointen. Das mich grundsätzlich und ganz konkret („Wo kann man das nachlesen?") zu diesem Buch ermutigte und das es mir ermöglichte, 3 Jahre lang ein Programm zu spielen, von dem alle Fachleute meinten, so was könne man doch nicht (oder deutlicher: sollte man besser gar nicht) machen.

Dann bedanke ich mich bei der Deutschen Volkshochschule und bei der Deutschen Presse für viele schöne Pointen. Die schönsten Pointen schreibt nie der Kabarettist sondern immer das Leben. Dass die Volkhochschule auf Kapitel 3 häufig und die Presse fast durchweg not amused reagiert haben (dieselbe Presse, die immer so gerne fordert, Kabarett müsse gnadenlos kritisch und richtig schön böse sein) zeigt einmal mehr, dass das klassische deutsche politische Kabarett und Humor leider zwei ziemlich disjunkte Bereiche sind. (Dabei waren die Fehlleistungen in der Prozentrechnung doch nur amüsant.)

Dem SPIEGEL danke ich, ohne jeden ironischen Unterton, aufrichtig für seine Rubrik „Hohlspiegel", der ich die meisten Funde betreffs mathematischer Fehlleistungen in der Presse verdanke. Der Spiegel ist zweifelsohne eine Institution in der deutschen Presselandschaft. Der HOHLspiegel ist zweifelsohne die schönste Institution in der deutschen Presselandschaft.

Dem Schott-Verlag in Mainz danke ich für die Genehmigung der Notenzitate (sämtliche nicht-handschriftliche Notenbeispiele). Dem Münchner Pianist Tobias Stork danke ich herzlich für den Freunschaftsdienst der professionellen Einspielung (an einem Keyboard!) von BWV 846 (CD #30 und CD #31). Als Amateur kann man, an einem leicht verstimmten Kleinkunstbühnenklavier und vor einem fröhlichen Publikum (wenn man nur die richtigen Tasten trifft), mit Schwung, Pedal und guter Laune *alles* spielen. Vor der bestürzenden Stille eines Tonstudios (oder gar eines unbespielten Tonträgers) merkt man dann aber, dass Klavierspielen (überabzählbar) unendlich mehr ist, als nur die richtigen Tasten zu treffen – und man bekommt sogar schon vor Bachs angeblich so einfachem C-Dur-Präludium Schweißausbrüche.

Und schließlich, auch wenn viele gute, gescheite und kritische Freunde bei der Entstehung dieses Buches, jeder auf seine Art, mitgeholfen haben: *alle* Fehler, Ungeschicklichkeiten und kardinale Dummheiten (z. B. die Erwähnung des Namens Adorno in einem satirischen Kontext) sind ausschließlich *meine* Fehler, Ungeschicklichkeiten und kardinalen Dummheiten. Unter dieser grundsätzlichen Klausel danke ich für ihre Hilfe und Unterstützung: Birgit und Roland Forster, Dr. Peter Gritzmann, Edda und Rhino Küffner, Dr. Fritz Lehmann, Anna und Richard Meyer, Dr. Rainer Mohrs, Peter Paul, Ulrike Schmickler-Hirzebruch und dem Vieweg Verlag, Toni Schmid von *aviso*, Annette Werner und Tom Ziertmann.

München, im Juni 2005                                      D. Paul